Geometrie als Spiel

oder der Satz des Pythagoras

Ivan Moscovich

GEOMETRIE ALS SPIEL

oder der Satz des Pythagoras

Otto Maier Verlag Ravensburg

Inhaltsverzeichnis

Originalausgabe

Umschlaggestaltung: Achim Köppel
unter Verwendung eines Dias von Hutchinson, London
Übersetzung: Wolfgang Rhiel, Stuttgart
Printed in Great Britain
ISBN 3-473-44003-5

Seit etwa dreißig Jahren entwerfe und erfinde ich Puzzles, Spiele und Spielzeug. In dieser Zeit habe ich auch, unter anderem, ein Wissenschaftsmuseum mit einem Planetarium geplant und ausgeführt. Jetzt widme ich mich ganz den Spielen und dem Spielzeug – und genieße das in vollen Zügen.
Viele Spiele und Puzzles in diesem Buch sind völlig neu, einige sind abgeänderte Versionen traditioneller Spiele. Ich hoffe, daß dieses Buch dem Leser meine Begeisterung für Spiele und den Weg zu ihrer Entstehung nahebringt. Es verbindet Unterhaltung mit geistiger Herausforderung und geht auf diese Weise sehr viele Vorstellungen an, die der Kunst, der Wissenschaft und der Mathematik zugrunde liegen.
Es ist ein Buch ohne Ende, das heißt, der Leser kann in vielen Fällen Spiele nach eigenem Gutdünken abändern und eigene Variationen erfinden. Ich hoffe, daß dieses eine Kettenreaktion auslöst: Der Leser spielt ein Spiel, versucht, ein Problem zu lösen und wird dabei angeregt, sich eigene Regeln und Entwürfe zu schaffen, eigene Spiele, Puzzles und ästhetische Gebilde. Ich glaube, die hier angeschnittenen Themen eröffnen dem Spieleerfinder ein weites Feld.
Trotz der Verschiedenartigkeit der Probleme besteht ein grundlegender Zusammenhang, nämlich ein Wechselspiel zwischen Geometrie und Kombinatorik. Das Register wird dabei helfen, einzelne Themen aufzufinden.
Die Spiele und Puzzles dieses Buches sind so ausgewählt, daß jeder sie spielen kann, der auch nur ein bißchen Begeisterung dafür aufbringt. Besondere Fähigkeiten oder Materialien braucht man nicht; in den meisten Fällen genügen Pappe und Farben. Farbe ist wichtig, und die vielen farbigen Abbildungen stellen nicht nur Spielbeispiele dar, sondern sind gleichzeitig schön anzusehende Entwürfe und Muster, die sich aus dem Spiel ergeben.
Es sind nicht nur durch Zahlenspielereien entstandene sichtbare Muster. Sie können die Phantasie beflügeln, neue Gedanken und Einsichten eingeben, neue Denkweisen und kreatives Ausdrucksvermögen. Das Schaffen solcher Kompositionen kann allein schon etwas sehr Aufregendes sein.
Die ausgewählten Themen tendieren zu optischen, geometrischen Inhalten mit starker Betonung von Konstruktionen und Mustern, weniger zu Zahlen- und Wortbeispielen. Das ist natürlich Absicht. Das Wechselspiel zwischen Geometrie und Kombinatorik hat mich schon immer gereizt, diesen beiden so starken Disziplinen, die zu vielen überraschenden Entdeckungen und Verwicklungen führen können, und das alles durch Verwendung nur weniger Grundelemente als Bausteine, mit denen man nach ganz einfachen Regeln umgeht.
Das Buch ist so angeordnet, daß jede Aufgabe in sich abgeschlossen ist, auch wenn sie inhaltlich mit anderen zusammenhängt, so daß der Leser an beliebiger Stelle einsteigen kann. Auf diese Weise bleiben Enttäuschungen aus, wie ich hoffe.

6 Das Lösen von Problemen und die Kreativität

Das Lösen von Problemen kann uns etwas darüber sagen, wie unser Gehirn arbeitet. Nachdenken kann Schwerarbeit sein, woraus sich die menschliche Neigung erklärt, es so wenig wie möglich zu betreiben. Das wird bei Problemlösungen in dem Vorgehen sichtbar, sich mit der erstbesten Lösung zufriedenzugeben. Unsere Gedanken verfangen sich in den eigenen Vorurteilen. Erkenntnisse, die zur Lösung des Problems beitragen könnten, werden nicht so sehr vernachlässigt, sie werden einfach nicht zur Kenntnis genommen. Der Vorgang, durch den uns die Gedanken kommen, ist die **Begriffsbildung**. Was ist Begriffsbildung? Es ist der Vorgang, durch den uns die Gedanken kommen. Im Grunde wissen wir kaum mehr darüber. Begriffsbildung ist der Schlüssel zum Lösen von Problemen, eine Art geistiger Hebel. Wenn wir einem Problem mit dem ersten Einfall nicht beikommen, ist es besser, es mit einem anderen zu versuchen. Je mehr Auswahl man an kreativen Vorstellungen hat, desto größer ist die Chance, eine Antwort zu finden.

Begriffsblockaden sind Mauern gegen den Geist. Sie verstellen uns den Blick auf den Kern eines Problems. Sie machen uns blind für Lösungen, die manchmal ganz einfach sind und letztlich auf der Hand liegen. Es gibt viele Wege, solche Mauern zu errichten: falsche Hinweise, irreführende Informationen, Fixiertsein auf die falschen Details, eine zu begrenzte Sichtweise.
Diese Blockaden machen uns allen zu schaffen. Aber trotzdem gelingt es immer wieder einigen klugen Köpfen, Probleme von beispielloser Verworrenheit zu lösen, zu ihrem Kern vorzudringen und Einsichten von verblüffender Einfachheit und Eleganz zutage zu fördern, die das Problem mit einem Schlag bewältigen. Ein gutes Problem ist selten, was es scheint. Die Lösung verlangt unter Umständen, einen vertrauten Gegenstand auf ungewöhnliche Art zu gebrauchen, eine herkömmliche Annahme umzustoßen oder einzelne Teile auf unübliche Weise zusammenzusetzen.
Das direkte Auf-das-Ziel-Losstürzen bringt selten Erfolg; der Umweg

Das Problem Pferd und Reiter

Können Sie, wenn Sie nur Ihre Augen gebrauchen, herausfinden, wie man diese Reiter auf ihre Pferde bekommt?

(Lösung: Seite 110)

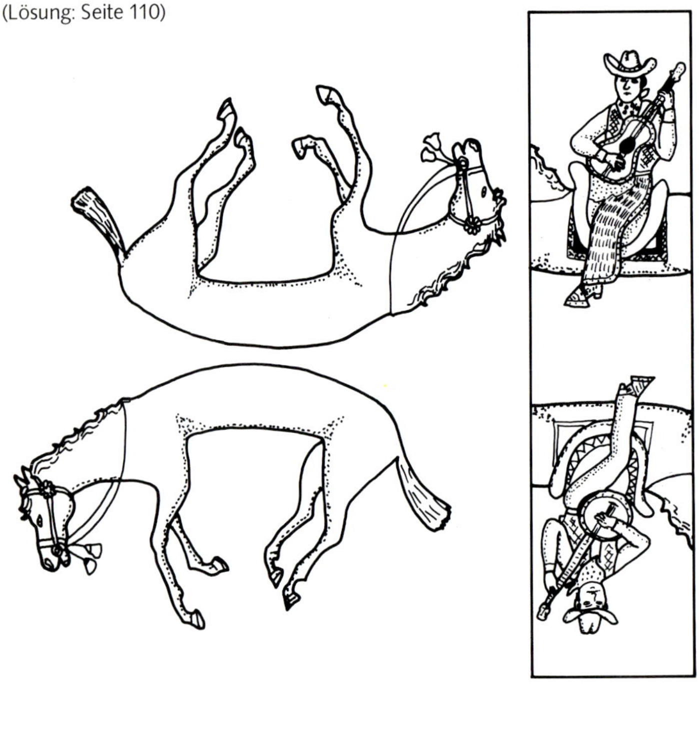

Die unmögliche Brücke aus Dominosteinen

Auf den ersten Blick erscheint es unmöglich, ein solches Gebäude zu errichten. Aber wenn Sie es sich richtig überlegen, können Sie dahinterkommen, wie man es macht – und es sogar selbst bauen.

(Lösung: Seite 110)

Das Problem, Kreise farbig auszumalen

Die linke Abbildung enthält alle logischen Hinweise, die man braucht, um die Abbildung auf der rechten Seite farbig ausmalen zu können.

(Lösung: Seite 110)

Das klassische T-Puzzle

Übertragen Sie die vier Stücke und schneiden Sie sie aus. Setzen Sie sie nun so zusammen, daß sie ein großes T bilden. Das war nicht schwer, oder?
Dies ist ein klassisches Beispiel dafür, wie ein anscheinend leichtes Problem zu einer Begriffsblockade führen kann.

(Lösung: Seite 110)

erweist sich am Ende unter Umständen als kürzer. Die Mauern, die den Verstand umstellen, sind dazu da, daß man sie umgeht, nicht mit dem Kopf gegen sie anrennt.
Die Einsicht kommt, wenn man den Blickwinkel ändert, sich gedanklich auf Abwege begibt, seine Aufmerksamkeit aufteilt.
Einsicht ist ein unterbewußter Sprung nach einigen scheinbar erfolglosen bewußten Gedankenversuchen. Sie bewirkt, daß sich die bis dahin glatte Oberfläche des Unterbewußten in ein wildbewegtes Inferno aus Gedanken verwandelt, Gedanken, die sich verlagern, hervorbrechen, zusammenprallen und schließlich zusammenpassen… Aha! Die Einsicht.
Die Einsicht kommt häufig ganz unvermittelt, selten unverdient.
Zwei Pferde, zwei Reiter: Machen Sie zwei Paare daraus.
Aber die Einzelteile passen nicht zusammen. Ein gedankliches Umordnen ist vielleicht nötig, und auch ein räumliches. Ein Gebäude aus Dominosteinen, das zusammenfallen würde, sobald man auch nur die ersten Steine aufeinandergelegt hätte… Aber wer sagt uns, welche Steine zuerst gelegt werden müssen? Oder wo die als Stütze dienenden Steine standen?
Ein Muster aus leuchtend bunten Kreisen, hinter dem sich ein Ordnungssystem verbirgt, das erst abgeleitet werden muß, bevor man sie einem anderen farblosen Muster zuordnen kann.
Eine banale Laubsägearbeit aus vier Stücken, über die schon ein Vierjähriger erhaben wäre. Aber die einzelnen Stücke wollen nicht zusammenpassen. Wie viele Möglichkeiten gibt es, vier Stücke zusammenzulegen? Mehr als Sie glauben. Wie viele fallen Ihnen ein? Diejenige, die Sie ausgelassen haben, ist die, die Sie suchen…
Die Frage nach der Einsicht ist so alt wie die Menschheit. Was uns fehlt, ist die Einsicht in die Einsicht selbst. Um Thomas Cottle zu zitieren: „Die Geschichte der Bemühungen, den kreativen Prozeß zu verstehen, den kreativen Verstand, den kreativen Geist, ist lang und auf das wundersamste angefüllt mit Anregungen und Theorien, mit Anekdoten, Histörchen, Berichten aus erster Hand und vor all den Anzeichen tatsächlicher, bewiesener und unbewiesener, echter und vielleicht nicht ganz so echter Daten – und dennoch begreifen wir kaum etwas."

8 Linien und Verbindungen

Die räumlichen Dimensionen beginnen mit einem Punkt.
»Ein Punkt«, sagt Euklid, »ist, was keinen Teil hat.« Eine mathematische Abstraktion, deren Dimensionen gleich Null sind. Der kleinste vorstellbare Teil des Raums.
Die erste Dimension beginnt mit einer Linie. Um eine Linie zu ziehen, beobachte man die Spur eines sich bewegenden Punktes. Eine einzige Zahl genügt, um jeden Punkt auf der Linie zu bestimmen, seine Entfernung von einem willkürlich gewählten Punkt. Ein Raum, dessen Punkte durch eine einzige Zahl bestimmt werden können, heißt **eindimensional**.
Eine Linie ist die Idealform einer starren Stange. Probleme miteinander verbundener Stangen sind Probleme der Geometrie der Linien. Die Mechanik ist eine Form der Geometrie.
Eine sich bewegende Linie beschreibt eine Fläche: einen Raum mit zwei Dimensionen, der zwei Zahlen erfordert, um einen einzelnen Punkt zu bestimmen – wie weit nach Norden, wie weit nach Osten.
Eine **Verbindung** in der Fläche ist ein System aus Stangen, oder Linien, die durch bewegliche Gelenke miteinander verbunden oder mit Stiften auf der Fläche befestigt sind, um die sie sich frei drehen können. Läßt sich, bei einer gegebenen Anzahl starrer Stangen, eine Verbindung finden, die eine Gerade erzeugt, wenn man einen ihrer Punkte **bewegt**?
Befestigen Sie eine Stange mit einem Stift an einem Ende: Welche Bewegung beschreibt das freie Ende? Einen Kreis. Die Kreisbewegung ist eine bei Verbindungen einfache und natürliche Bewegung. Die Kunst besteht nun darin, eine gerade Bewegung zu bekommen, ohne eine befestigte Gerade zu haben.
Das ist nicht nur ein theoretisches Problem der Geometrie. Die natürliche Bewegung einer Dampfmaschine ist ein Kreis. Sie kann durch einen Kolben in eine gerade Bewegung umgewandelt werden, aber Kolben erfordern Lager, und Lager nutzen sich ab. Eine Verbindung würde eine zufriedenstellendere Lösung bieten. Die erste praktische Lösung, die James Watt ersann, der Erfinder der Dampfmaschine (1736-1819), war nur eine Annäherung. In Wirklichkeit war die Bewegung eine in die Länge gezogene Acht, die aber zu einem Teil einer Geraden nahekam und den Zwecken Watts genügte.

Aus Kartonstreifen, in die Löcher gestanzt, und die mit Ösen verbunden werden, läßt sich ohne weiteres eine Verbindung wie bei Watt herstellen, aber auch viele andere, mit denen man experimentieren kann. Die Watt-Verbindung beschreibt eine komplexe mathematische Kurve, die sogenannte **Bernoulli-Lemniskate**. Eigenartigerweise läßt sie sich durch eine Verbindung leichter erzeugen als eine Gerade.

Die erste mechanische Vorrichtung, mit der eine absolut gerade Bewegung erzeugt werden konnte, war der Peaucelliersche Inversor, der 1864 erfunden wurde. Er beruht auf dem allgemeinen geometrischen Prinzip der **Inversion**. Sechs Verbindungsstücke, von denen vier gleich lang sind, bilden den Inversor. Wenn ein bestimmter Punkt in der Verbindung einer Kurve folgt, folgt ein anderer Punkt einer inversen Kurve.

Wie man eine Gerade erzeugt

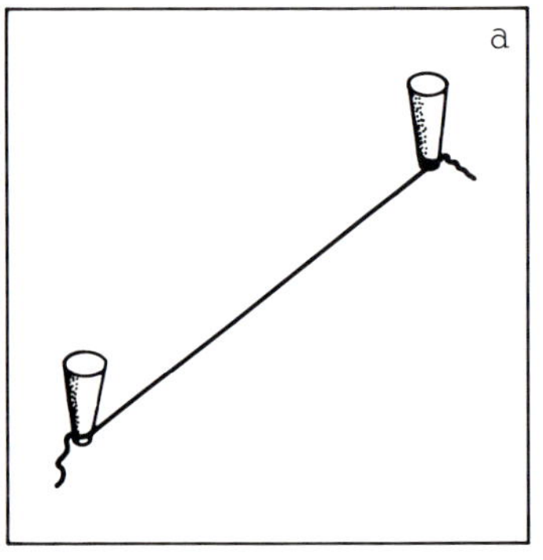

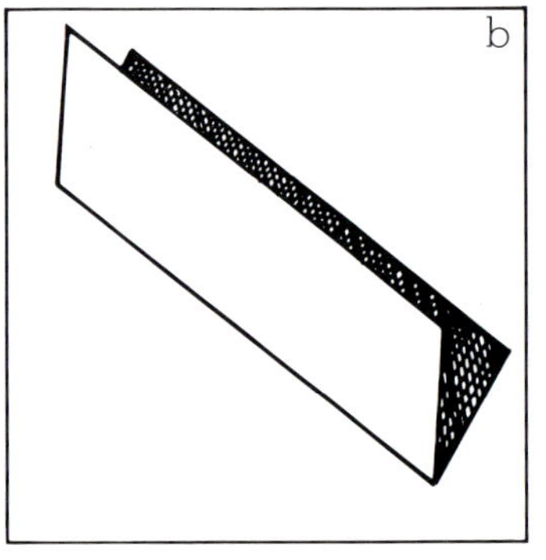

a) Mit der alten Methode des Fadenspannens – ein Faden oder Seil wird zwischen zwei Punkten stramm gespannt;

b) indem man ein Stück Papier faltet;

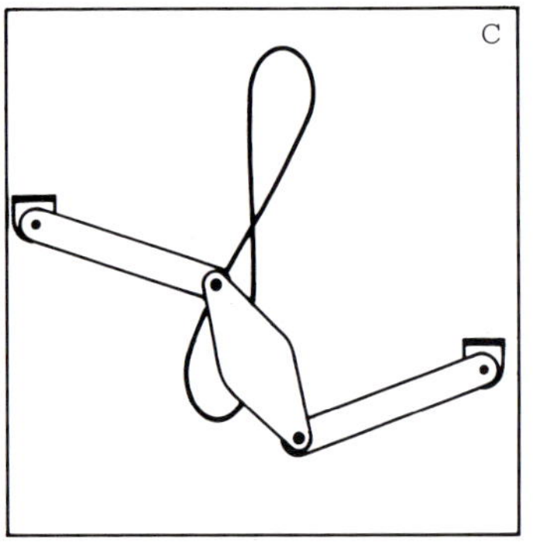

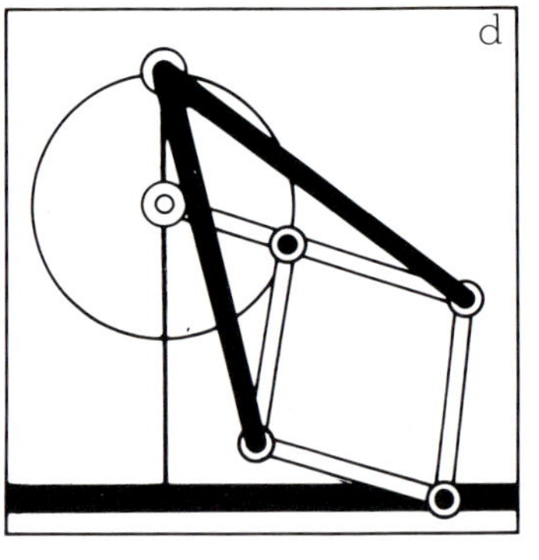

c) mit Hilfe der Watt-Verbindung;

d) mit Hilfe des Peaucellierschen Inversors.

Die inverse Kurve zur Geraden ist ein Kreis. Ein letztes, siebentes Verbindungsstück begrenzt die Bewegung eines Punktes auf einen Kreis; der andere wird zur inversen Bewegung gezwungen, einer Geraden. Dank einer einzigen generellen Einsicht wird das Unmögliche zum Vertrauten. Eine sich bewegende Fläche erzeugt einen dreidimensionalen Raum, einen Körper, bei dem man drei Zahlen braucht, wenn man einen Punkt bestimmen will. Wenn eine Verbindung sich nicht mehr nur innerhalb einer Fläche, sondern in den Raum bewegen kann, können neue Formen geschaffen werden. Werden mehrere gleich lange Stangen in einem Kreis miteinander verbunden, bilden sie ein regelmäßiges Vieleck. Die alten Griechen wußten, daß sich aus kongruenten, regelmäßigen Vielecken, die an allen Verbindungsstellen gleich angeordnet waren, nur fünf verschiedene Körper zusammenstellen ließen, und zwar das **Tetraeder** mit vier dreieckigen Flächen, der **Würfel** mit sechs Quadraten, das **Oktaeder** mit acht Dreiecken, das **Dodekaeder** mit zwölf Fünfecken und das **Ikosaeder** mit zwanzig Dreiecken.
Sie alle lassen sich mit ausreichend identischen Verbindungsstücken zusammenstellen. Hier sehen wir (unten rechts) ein Dodekaeder aus dreißig Verbindungsstücken, die dreiarmig miteinander verbunden sind, in Ringen von jeweils fünf. Aber Verbindungen haben zusätzlich die gute Eigenschaft, beweglich zu sein. Wenn wir die einzelnen Glieder bewegen, können wir eine bemerkenswerte Vielfalt von Formen schaffen: einen Zylinder, einen Stern, ein zehnseitiges Vieleck (Dekagon) und einen Gegenstand, der einer fliegenden Untertasse ähnelt. Diese Verformungen bewahren sehr viel von der Schönheit des ursprünglichen regelmäßigen Körpers, wobei die fehlende Regelmäßigkeit und Vertrautheit besonders reizvoll sein können. Aus Verbindungsstücken lassen sich auch noch andere geometrische Formen bilden, die, wenn sie verformt werden, ähnlich interessante Ergebnisse hervorbringen.

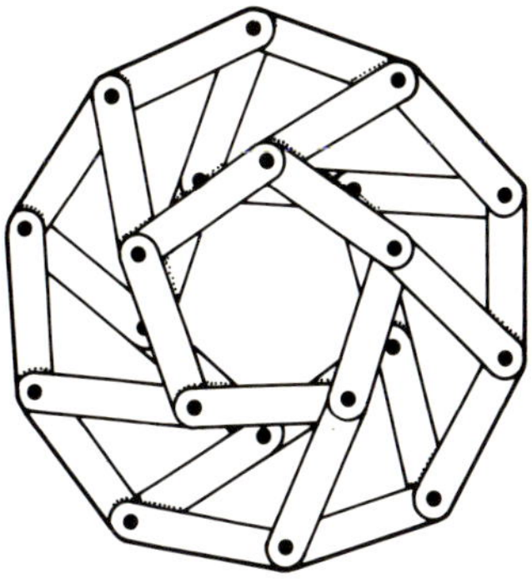

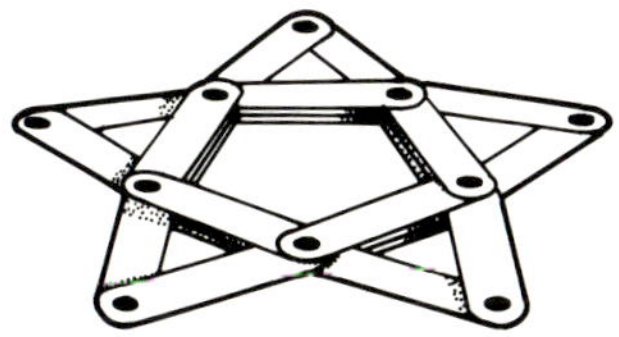

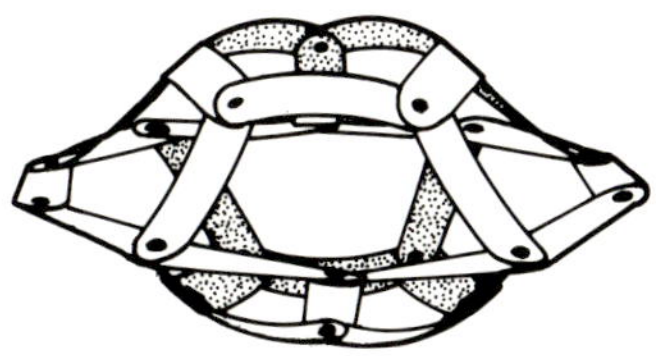

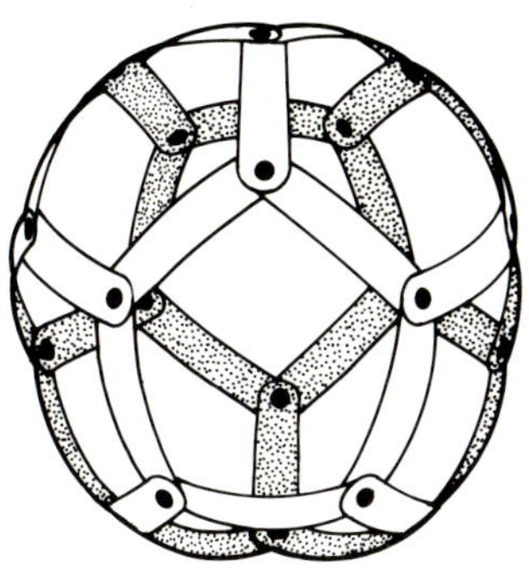

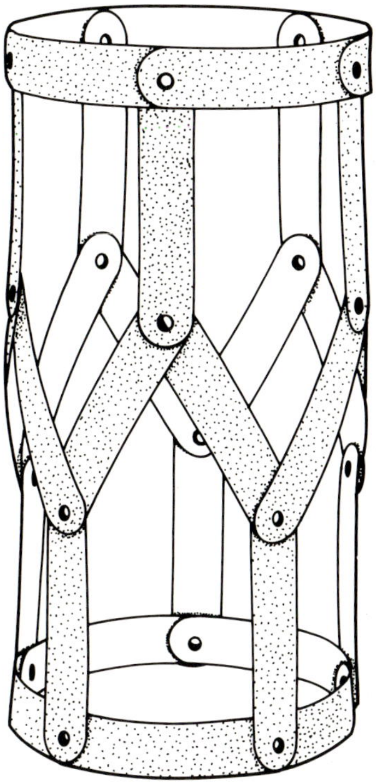

Ein Dodekaeder aus Verbindungsstücken

Bei vielen frühen mechanischen beweglichen Spielsachen hat man sich auf mannigfache einfallsreiche Art Verbindungen zunutze gemacht.
Vierundzwanzig durch Ösen zusammengehaltene Verbindungsstreifen ergeben ein faszinierendes kinetisches Gebilde, das in unzählige zwei- und dreidimensionale Formen umgewandelt werden kann.

10 Das große Teilen

Wird eine Fläche von einer Geraden zerschnitten, ergeben sich zwei klar voneinander getrennte Bereiche. Eine zweite Gerade kann diese beiden Bereiche in wieder zwei Bereiche unterteilen, so daß wir insgesamt vier haben.
Kann man mit einer dritten Geraden diese vier Bereiche erneut in jeweils zwei Bereiche teilen? Wenn ja, würden drei Linien die Fläche in acht Bereiche unterteilen. Aber es sind nur sieben: Die dritte Linie kann nur drei der vier vorhandenen Bereiche teilen, nicht alle vier. Eine Fläche läßt sich also mit drei Geraden nur in sieben Bereiche unterteilen.
Wie viele Bereiche erhält man maximal, wenn man eine Fläche mit vier Geraden unterteilt? Und mit fünf? Können Sie eine allgemeine Regel aufstellen für die Anzahl der Bereiche, die beim Unterteilen einer Fläche durch n Gerade entstehen? Können Sie den Beweis dafür führen? Dieses Problem gehört zu den einfachsten in einem mathematischen Zweig, den man **kombinatorische Geometrie** nennt. Zwischen Formen und Zahlen besteht ein faszinierendes Wechselspiel. Sehr viele Variationen sind zu diesem Thema möglich. Zum Beispiel: Wie viele sich nicht überschneidende Dreiecke kann man maximal mit einer gegebenen Anzahl von Geraden zeichnen? Wie viele Dreiecke unterschiedlicher Größe maximal? Probieren Sie es zunächst mit den kleineren Zahlen, und suchen Sie dann nach einer allgemeinen Regel.

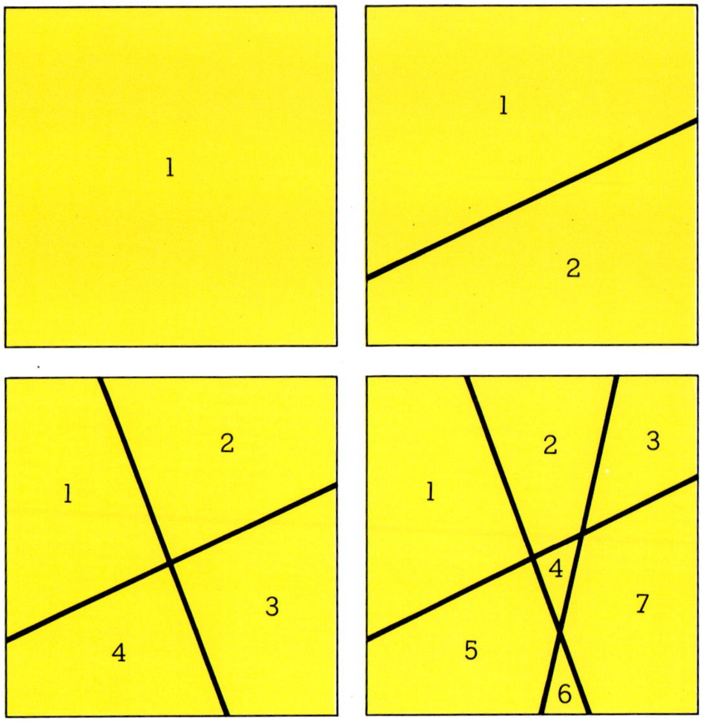

Linien und Bereiche

In wie viele Bereiche kann eine Fläche maximal mit 4, 5, 6 und 7 Geraden unterteilt werden?

Das Problem der sechs Geraden

In der Abbildung umschließen sechs Geraden acht Dreiecke drei unterschiedlicher Größen. Können Sie einen völlig anderen, einfacheren Weg finden, sechs Geraden zu zeichnen, die acht Dreiecke nur zwei unterschiedlicher Größen umschließen?

(Lösung: Seite 111)

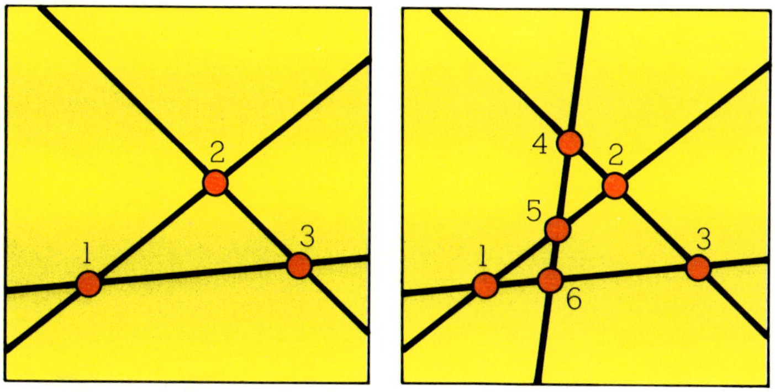

Schnitt von Geraden

Wie sich drei oder vier Gerade schneiden können.

Das Problem der sieben Geraden

Wie viele sich nicht überschneidende Dreiecke kann man maximal mit sieben Geraden zeichnen?
Eine Lösung mit sechs Dreiecken ist abgebildet. Können Sie es besser?

(Lösung: Seite 111)

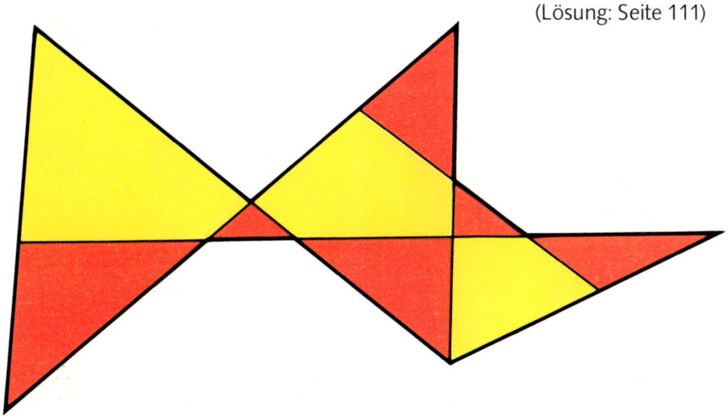

Zehn Punkte auf fünf Geraden

Ordnen Sie zehn Punkte so an, daß sie auf fünf Geraden liegen. Auf jeder Geraden liegen vier Punkte. Wie viele verschiedene Lösungsarten können Sie entdecken?

(Lösung: Seite 111)

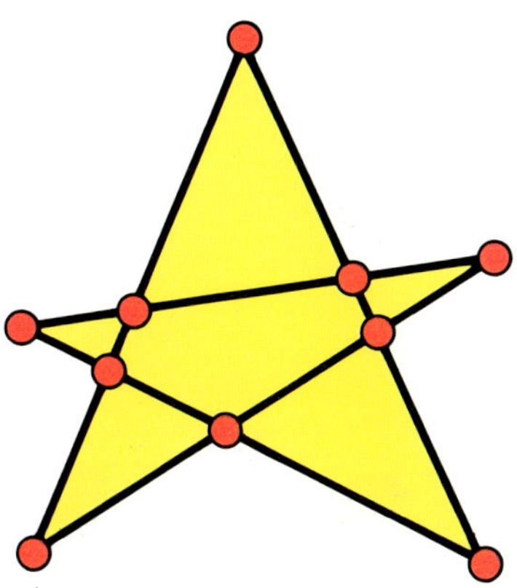

Zwei Gerade, die nicht parallel laufen, treffen sich in genau einem Punkt, dem **Schnittpunkt**. Drei Gerade können sich in höchstens drei Punkten treffen, vier Gerade in höchstens sechs Punkten.
Wie lautet die allgemeine Antwort? In wie vielen Punkten können sich n verschiedene Gerade maximal treffen?
Probieren Sie es mit Strohhalmen oder Bleistift und Papier aus. Ein kleiner Tip: Um die Höchstzahl an Schnittpunkten zu erreichen, müßte jede Gerade **alle** anderen schneiden. Läßt sich das immer verwirklichen? Tatsächlich ist lediglich nötig, daß keine Gerade durch bereits bestehende Schnittpunkte geht und parallel zu irgendeiner der anderen Geraden läuft. Aus der unendlich großen Zahl möglicher Geraden verletzen nur endlich viele diese beiden Bedingungen. So ist es tatsächlich möglich, daß jede Gerade alle anderen schneidet.
Daraus ergibt sich, daß sich durch jede weitere n-te Gerade die Zahl der Schnittpunkte um n^{-1} erhöht.
Für die Anzahl der Schnittpunkte gilt demnach folgendes Muster:

Gerade	Schnittpunkte	Insgesamt
2	1	1
3	1+2	3
4	1+2+3	6
5	1+2+3+4	10
6	1+2+3+4+5	15
7	1+2+3+4+5+6	21

Dies sind die bereits aus dem Altertum bekannten **Dreieckszahlen**.
Die n-te Dreieckszahl ist

$$\frac{1}{2} n\ (n-1).$$

Ein anderes Geraden-Problem ist, Figuren zu entwickeln, für die bestimmte Einschränkungen bestehen. Ordnen Sie beispielsweise eine bestimmte Anzahl Gerade so an, daß sie sich in einer bestimmten Anzahl Punkte schneiden.

12 Linien durch Punkte

Jetzt wollen wir einmal sehen, wie phantasievoll Sie sind.
Zeichnen Sie auf ein Blatt Papier neun Punkte, die in einem Quadrat aus 3 x 3 Punkten angeordnet sind. Zeichnen Sie nun eine zusammenhängende Linie, die nicht mehr als **vier** gerade Teilstücke enthält und durch alle neun Punkte geht. Ihr Bleistift darf beim Zeichnen nicht vom Papier abgehoben werden.
Das ist ein typisches Beispiel für eines der Probleme, die auf den ersten Blick unlösbar scheinen. Acht Punkte – keine Schwierigkeit! Aber neun? Wenn Sie keine Lösungsmöglichkeit erkennen, haben Sie sich kopfüber in eine unserer Begriffsblockaden gestürzt, dazu noch in eine ganz typische: die Neigung nämlich, das Problem zu eng zu sehen. Meinen Sie, daß die Linien horizontal oder vertikal sein müssen? Natürlich sind die Punkte normalerweise so angeordnet – aber keiner hat gesagt, daß die Linien in irgendeiner bestimmten Richtung laufen müßten. Wenn sie zum Beispiel diagonal laufen, ergeben sich neue Möglichkeiten.
Und weiter: Auch wenn das Quadrat aus Punkten eine natürliche Begrenzung hat, wird nirgendwo in der Aufgabe gesagt, daß Ihre Linien **innerhalb** dieser Begrenzung bleiben müssen. Mauern gegen den Geist... Eine Einsicht hat den großen Vorzug, daß man sie, wenn man sie erst einmal gewonnen hat, verallgemeinern kann.

Das 9-Punkte-Problem

Verbinden Sie die neun Punkte durch vier Geraden, ohne den Bleistift vom Papier zu nehmen. Schaffen Sie es auch mit drei Geraden?

(Lösung: Seite 111)

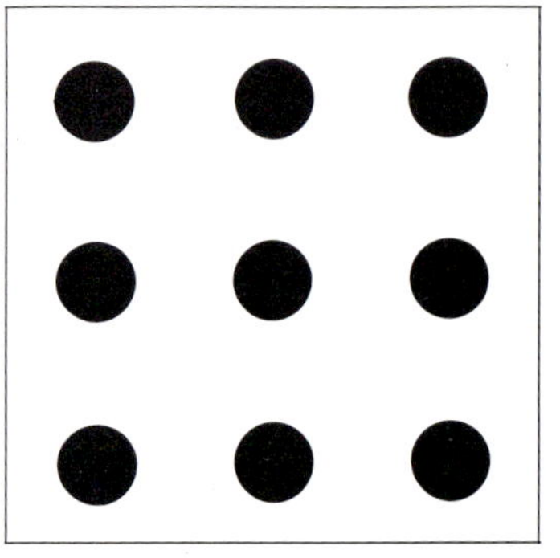

Das 16-Punkte-Problem

Die sechzehn Punkte können mit sechs Geraden verbunden werden, ohne daß man den Bleistift absetzt, und ohne einen Punkt zweimal zu berühren.
Es gibt viele Lösungen. Finden Sie diejenige, bei der die sechzehn Punkte von sechs zusammenhängenden, abgewinkelten Geraden verbunden werden, die einen geschlossenen Kreis bilden.

(Lösung: Seite 111)

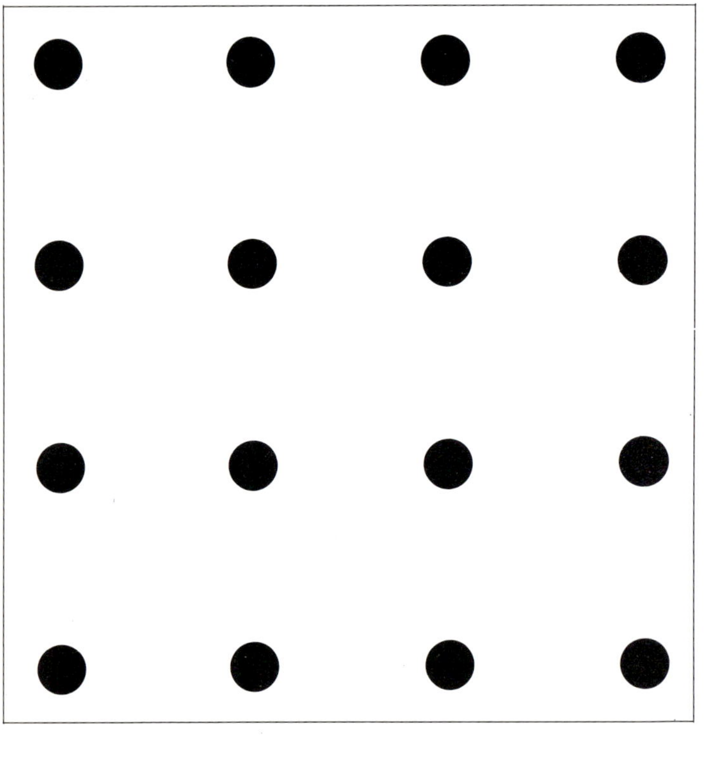

Das 12-Punkte-Problem

Wie ist die kleinste Anzahl Teilstücke, wenn man eine zusammenhängende, abgewinkelte Linie durch zwölf Punkte zieht?

(Lösung: Seite 111)

Der schweizer Mathematiker Leonhard Euler lebte von 1707 bis 1783 und hat mehr mathematische Untersuchungen angestellt als irgend jemand vor oder nach ihm. Die Stadt Königsberg hatte damals sieben Brücken, und wie es heißt, haben die Bewohner nie das folgende Problem lösen können: Ist es möglich, einen Spaziergang zu machen, jede Brücke dabei nur einmal zu überqueren und nach Hause zurückzukehren?
Euler löste die Aufgabe, indem er etwas an ihre Stelle setzte, das einfacher aussah. Es soll eine Figur aus Linien gegeben sein, die mehrere Punkte verbinden; wann ist es möglich, die Figur in einem Durchgang zu durchlaufen, ohne den Bleistift vom Papier zu nehmen und ohne zweimal über eine der Linien zu gehen?
Euler zeigte, daß es höchstens **zwei** Stellen würde geben müssen, wo sich eine ungerade Anzahl Linien schneidet; und wenn eine Rückkehr zum Ausgangspunkt verlangt wurde, würde es **keine** Stellen geben müssen, wo sich eine ungerade Anzahl Linien schneiden. Die Überlegung ist einfach, sobald man sie nachvollzogen hat: Bei einer Reise ohne Unterbrechung kommt man an jedem Punkt genauso oft an, wie man ihn verläßt – mit Ausnahme des Ausgangs- und des Endpunkts.
Das Problem der Königsberger Brücken gleicht dem Durchlaufen eines Netzes aus Linien, das **vier** Verbindungspunkte bei einer ungeraden Anzahl Linien hat. Es kann also keine Lösung geben.
Das Eulersche Problem ist in Wirklichkeit ein Problem der **Topologie**, einem mathematischen Zweig, der sich mit den Eigenschaften von Figuren befaßt, die durch ständige Verformungen erreicht werden. Zwei Netze sind topologisch äquivalent, wenn man eines verformen kann, so daß sich das andere ergibt.
Ein anderer Gegenstand, der sich aus der Arbeit Eulers ergab, war die **Graphen-Theorie**, das Studium von Netzen, die von Linien gebildet werden, die Punkte miteinander verbinden.

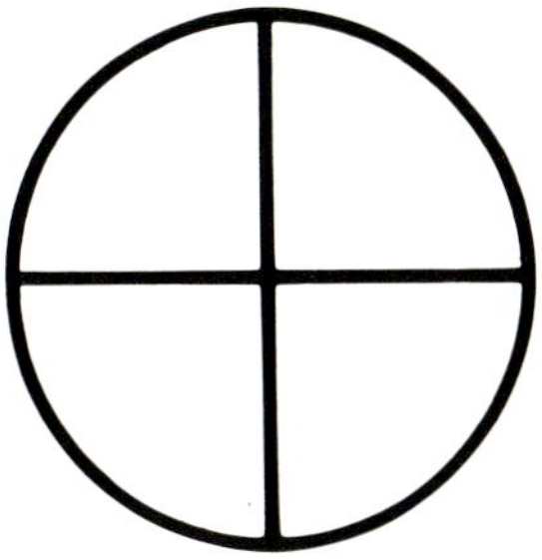

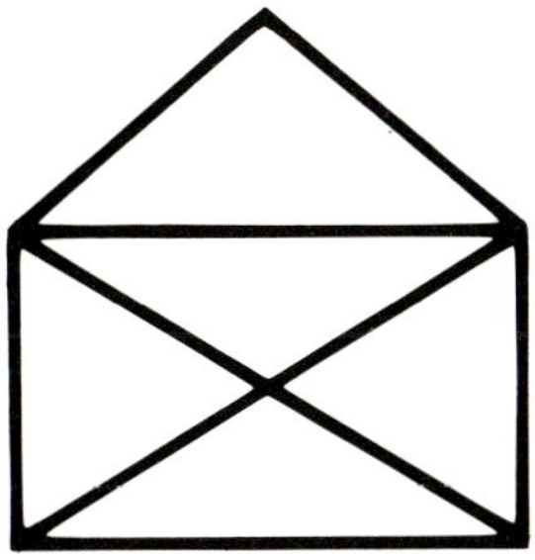

In einem Zug

Zeichnen Sie jede Figur, ohne den Bleistift vom Papier zu nehmen und ohne eine Linie doppelt zu zeichnen.
Bei welcher Figur ist das nicht möglich?

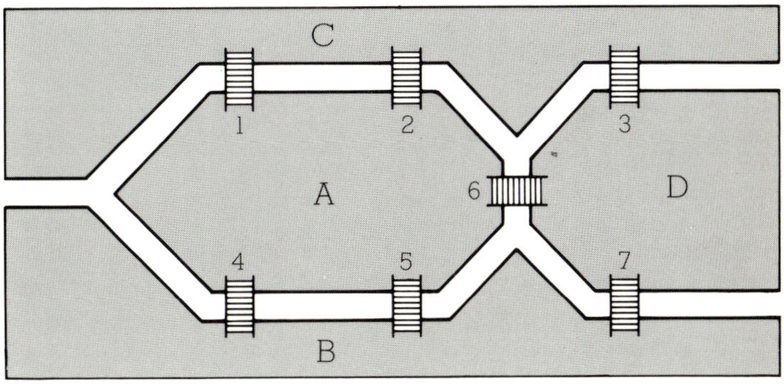

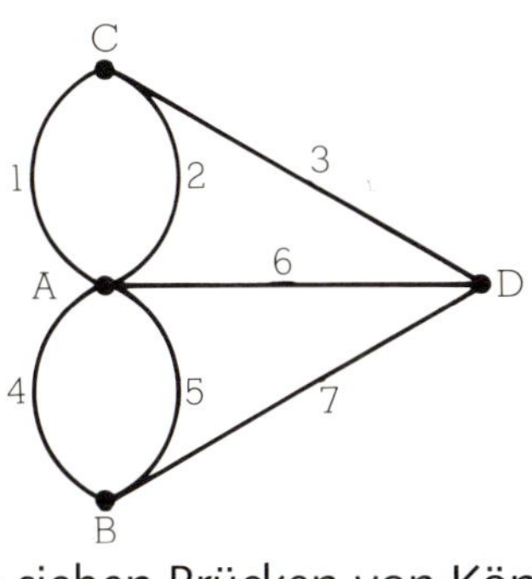

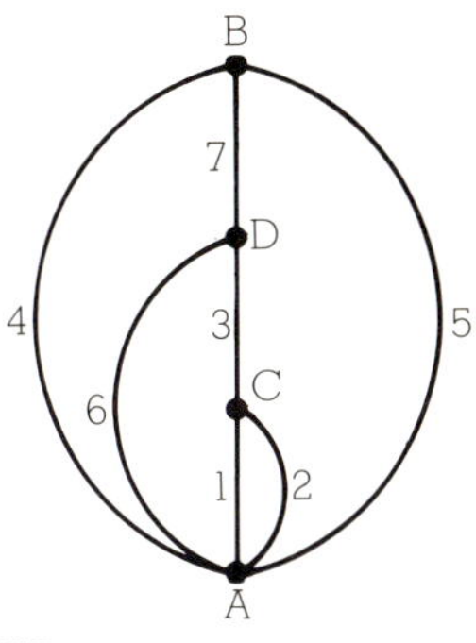

Die sieben Brücken von Königsberg

Das ist das ursprüngliche Problem, ein Netz zu durchlaufen. Können die Königsberger einen Spaziergang machen und dabei jede Brücke nur ein einziges Mal überqueren?
Darunter sind zwei topologisch äquivalente Netze abgebildet, deren Durchlaufen gleichbedeutend mit der Lösung des Problems ist.

14 Transformationen und Isometrien

Wir haben von Punkten gesprochen, die sich in der Fläche bewegen. Eine **Transformation** der Fläche ist eine Bewegung ihrer Punkte. Unter den möglichen Transformationsarten sind die für die Geometrie wichtigen die **starren Bewegungen** oder **Isometrien**, die die Figuren zwar bewegen, aber deren Form oder Größe nicht verändern. (Der Begriff leitet sich aus dem Griechischen ab: isos - das Gleiche, metros - Maß.) Die Isometrie der Fläche kennt vier grundlegende Arten:
die **Translation** (Verschiebung),
die **Rotation** (Drehung),
die **Reflexion** (Spiegelung)
und die **Gleitspiegelung** (Verschiebung und Reflexion).

Die beiden abgebildeten Dreiecke sind absolut identisch. In der Sprache der Geometrie sagt man, sie sind **kongruent**, was bedeutet, daß sie durch entsprechendes Verschieben deckungsgleich übereinandergelegt werden können. Diese Bewegung läßt sich in einer Ebene, das heißt in zwei Dimensionen, ausführen, indem ein Dreieck über das andere geschoben wird.

Aber was machen wir mit diesen beiden Dreiecken?
Das eine ist das Spiegelbild des anderen. Durch eine Bewegung in der Ebene kann man sie nicht zur Deckung bringen. Das eine muß aus der Ebene heraus in die dritte Dimension gehoben und in die Ebene zurückgelegt werden.

Transformation und Isometrien von Ebenen

Translation

Eine Parallelverschiebung

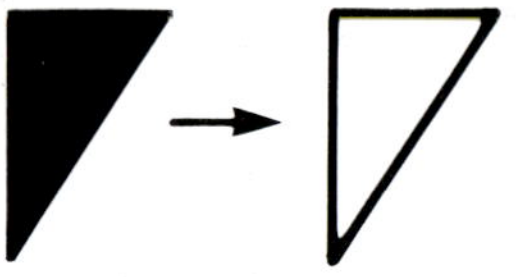

Drehung

um einen Punkt

Reflexion

Drehung um eine Gerade

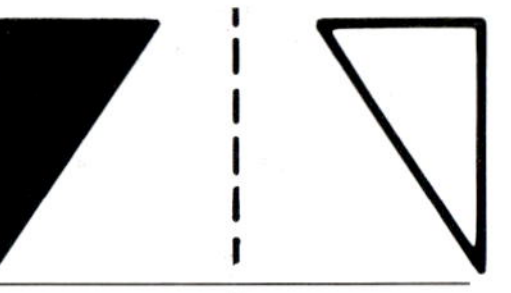

Gleitspiegelung

Aufeinanderfolgende Kombinationen von Transformationen bilden Gruppen.

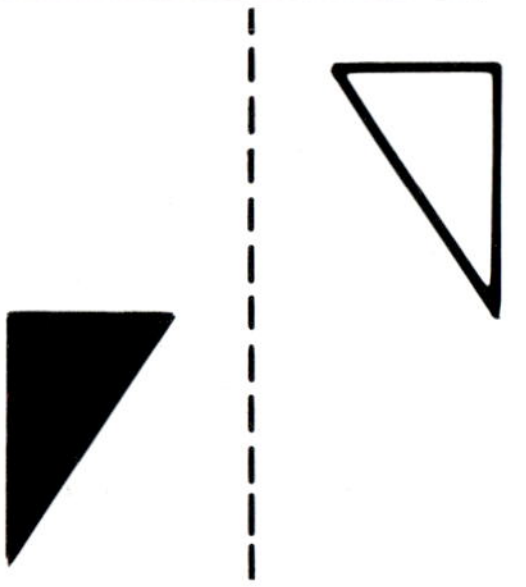

Eine Isometrie, die den Sinn verändert (im Uhrzeigersinn oder entgegengesetzt), wird **entgegengesetzt** genannt, wenn sie den Sinn aufrechthält, **direkt**.
Translationen und Drehungen sind direkte Isometrien, Reflexionen und Gleitspiegelungen entgegengesetzte.

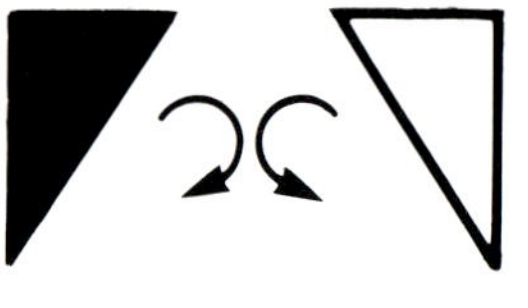

Symmetrien

sind die Isometrien, welche die Figur in sich selbst umwandeln

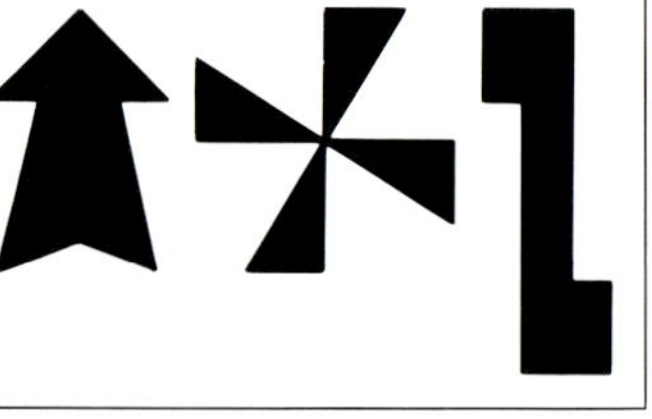

Figuren in die passenden Löcher legen

Es liegt auf der Hand, daß ein gleichschenkliges Dreieck auf zwei Arten in ein Loch mit identischer Form paßt,

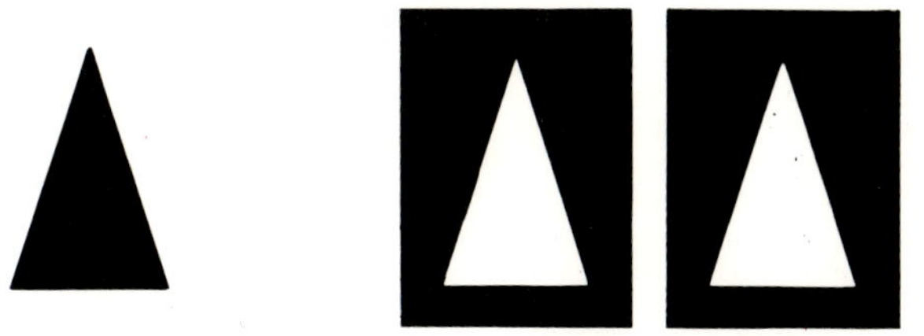

ein schiefwinkliges Dreieck nur auf eine Art,

ein gleichseitiges Dreieck dagegen auf sechs verschiedene Arten.

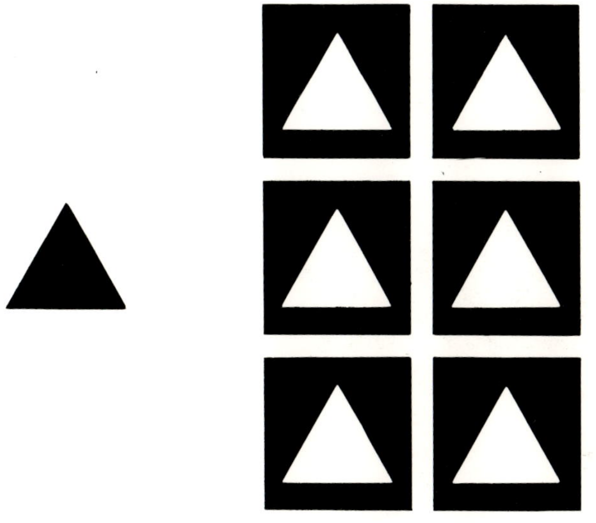

Auf wie viele verschiedene Arten können Sie ein Quadrat in ein entsprechendes Loch legen,

ein Tetraeder in ein Loch in Form eines gleichseitigen Dreiecks, wenn beide Figuren die gleiche Seitenlänge haben,

einen Würfel in ein Loch, wenn beide gleich lange Seiten haben?

Der alte geometrische Lehrsatz, der dem Pythagoras zugeschrieben wird, ist einer der wenigen, bei dessen Nennung jeder zumindest wissend nickt. Der Lehrsatz befaßt sich mit dem Verhältnis zwischen den beiden kürzeren Seiten eines rechtwinkligen Dreiecks und der längeren Seite (der Hypotenuse).
In Worten: **Das Quadrat über der Hypotenuse ist gleich der Summe der Quadrate über den beiden anderen Seiten.**

Und als Formel: $a^2 + b^2 = c^2$

wobei a und b die Länge der beiden kürzeren Seiten, c die Länge der Hypotenuse darstellen.
Aber was bedeutet das nun wirklich?
In Zahlen ausgedrückt, bedeutet es: Wir können rechtwinklige Dreiecke konstruieren, indem wir drei Längen, a, b und c nehmen, die den pythagoreischen Bedingungen genügen $a^2+b^2=c^2$.
Zum Beispiel:
$3^2+4^2=9+16=25=5^2$;
ein Dreieck mit den Seitenlängen 3, 4 und 5 ist also notwendigerweise rechtwinklig.
Es gibt viele solche ganzzahlige pythagoreischen Dreiergruppen, zum Beispiel 5, 12, 13 und 8, 15, 17. Die allgemeine Regel, die diesen pythagoreischen Dreiergruppen zugrunde liegt, ist bekannt. Sie war eines der ersten Ergebnisse der Theorie der diophantischen Gleichungen, das heißt von Gleichungen, die mit ganzen Zahlen zu lösen sind. Es gibt also eine überraschende Verbindung zwischen der Geometrie und der Theorie der Zahlen.

Geometrisch betrachtet behauptet der pythagoreische Lehrsatz die Gleichheit von **Flächen**. Das Quadrat, dessen Seite die Hypotenuse c ist, hat genau den gleichen Flächeninhalt wie die beiden anderen Quadrate zusammen.
Es ist eine interessante Aufgabe, das direkt nachzuweisen, indem man einen Weg findet, die beiden kleineren Quadrate so zu zerschneiden, daß die einzelnen Stücke zu dem größeren Quadrat zusammengelegt werden können (Lösung: Seite 112).
Es gibt eine alternative und sehr schöne Lösung dieses Problems, die perigalsche Zerlegung, bei der das kleinste Quadrat unangetastet bleibt und das mittelgroße in vier Teile gleicher Größe und Form zerlegt wird.

Das ägyptische Dreieck

Wie es heißt, benutzten die Baumeister im alten Ägypten dieses Dreieck, um beinahe vollkommen rechte Winkel zu schaffen. Unterteilen Sie ein Seil durch Knoten in zwölf gleiche Strecken. Bilden Sie damit ein Dreieck, das ein Seitenverhältnis von 3 : 4 : 5 hat. (Beachten Sie: 3+4+5 = 12.) Ein Winkel ist dann ein rechter Winkel.

(Lösung: Seite 112)

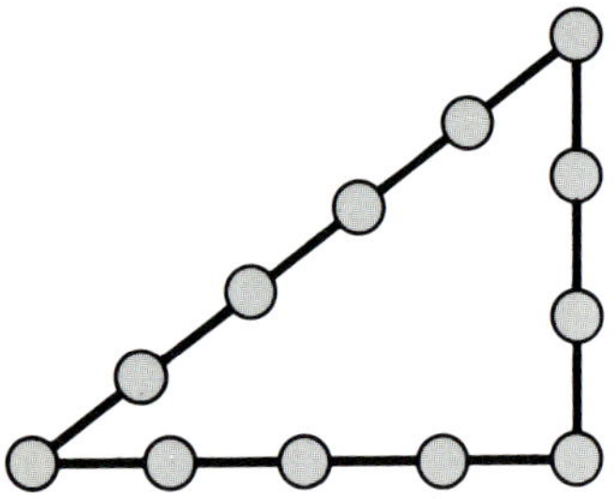

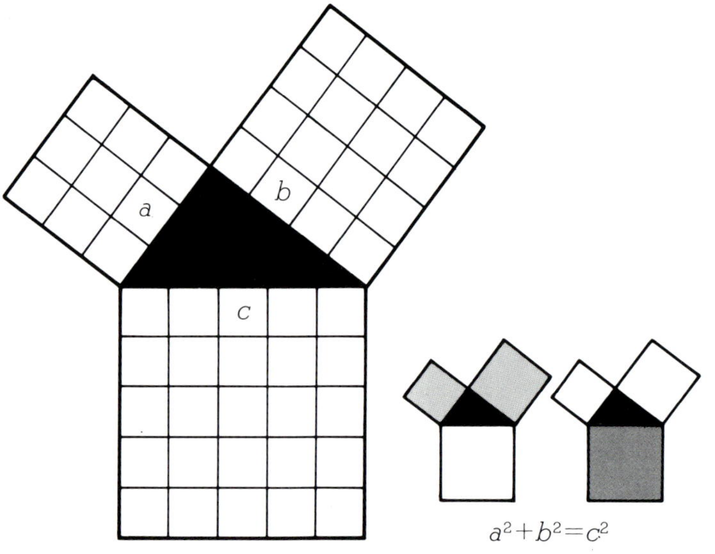

$a^2+b^2=c^2$

Pythagoreisches Puzzle

Schneiden Sie die fünf Stücke aus.
Damit Sie ein richtiges rechtwinkliges Dreieck bekommen, nehmen Sie die Stücke und legen Sie

a) ein Quadrat, dessen Seite der Hypotenuse entspricht;

b) zwei getrennte Quadrate, deren Seiten die anderen beiden Seiten des Dreiecks sind.

Sie haben damit sowohl den Lehrsatz des Pythagoras bewiesen wie auch das Puzzle gelöst.

(Lösung: Seite 112)

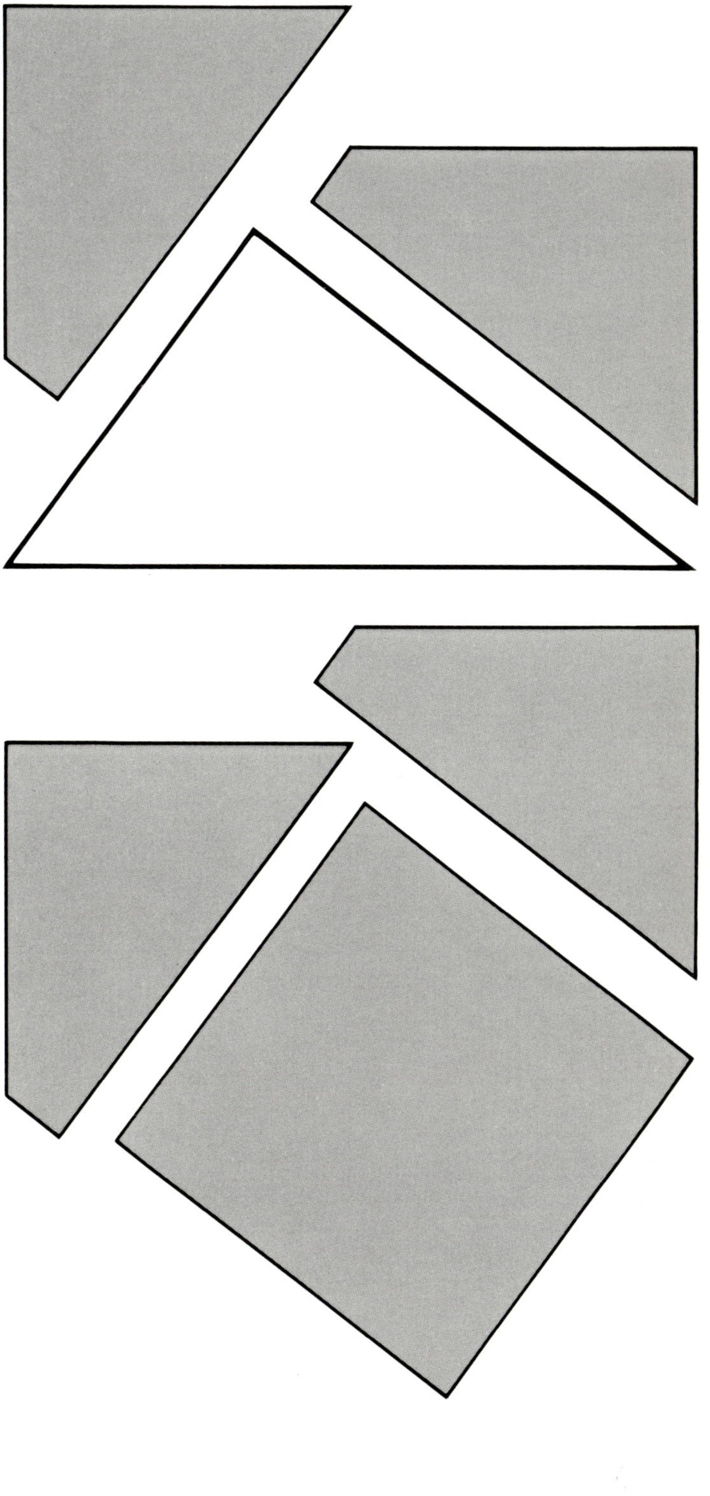

Pythagorino

Mit etwas Geduld können Sie ein völlig neues und interessantes Dominospiel entwerfen, das auf der Grundfigur des pythagoreischen Lehrsatzes beruht.
Das Spiel besteht aus 27 Figuren, die jeweils drei verschiedene Farben in jeweils verschiedener Kombination aufweisen.
Aufbauend auf der Grundlage der geometrischen Formen des pythagoreischen Lehrsatzes läßt sich ein ganz neues und interessantes Dominospiel entwerfen. Man braucht 27 Teile, die man dadurch erhält, daß man ein gleichschenkliges Dreieck nimmt und über den drei Seiten ein Quadrat zeichnet. Man zeichnet dazu am besten ein großes Quadrat mit kleinen Unterquadraten und deren Diagonalen: Die pythagoreische Anordnung läßt sich dann durch das Kombinieren einiger der sich ergebenden kleinen Dreiecke zusammensetzen (achten Sie darauf, wie die Formen in der Abbildung unten rechts ein solches Gitterquadrat überlagern). Das Spiel selbst kann auf einem solchen Gitterquadrat oder in einer freien Version völlig ohne Brett gespielt werden. Die Spieler legen abwechselnd jeweils eine Form. Nebeneinanderliegende Formen müssen sich entweder mit zwei großen Quadraten oder einem Paar kleiner Quadrate berühren (Abb. gegenüberliegende Seite). Der Spieler mit Rot macht einen Punkt, wenn eines seiner großen Quadrate ein anderes großes rotes Quadrat berührt; für den Spieler mit Violett gilt Entsprechendes. Rote oder violette Quadrate, die frei liegen und sich nicht berühren, zählen nicht.
Wer am meisten Punkte erringt, hat gewonnen. Haben beide Spieler die gleiche Punktzahl, gewinnt der Spieler mit der kleinsten Anzahl verbundener, als Punkt gewerteter Quadratreihen.
Das Spiel kann auf einem quadratischen Spielfeld mit 14 x 14 quadratischen Karos gespielt werden, wobei auch die Diagonalen einbezogen werden können. Es läßt sich aber auch ohne das einschränkende Spielfeld spielen.

Pythagorino-Musterspiel

Eine Partie, die der Spieler mit Rot gewonnen hat. Er hat sechs große Quadrate aneinandergelegt.
Der Spieler mit Blau hat ebenfalls sechs große Quadrate aneinandergelegt, das allerdings in drei getrennten Zweiergruppen, während sein Gegenspieler zwei Dreiergruppen gebildet hat.

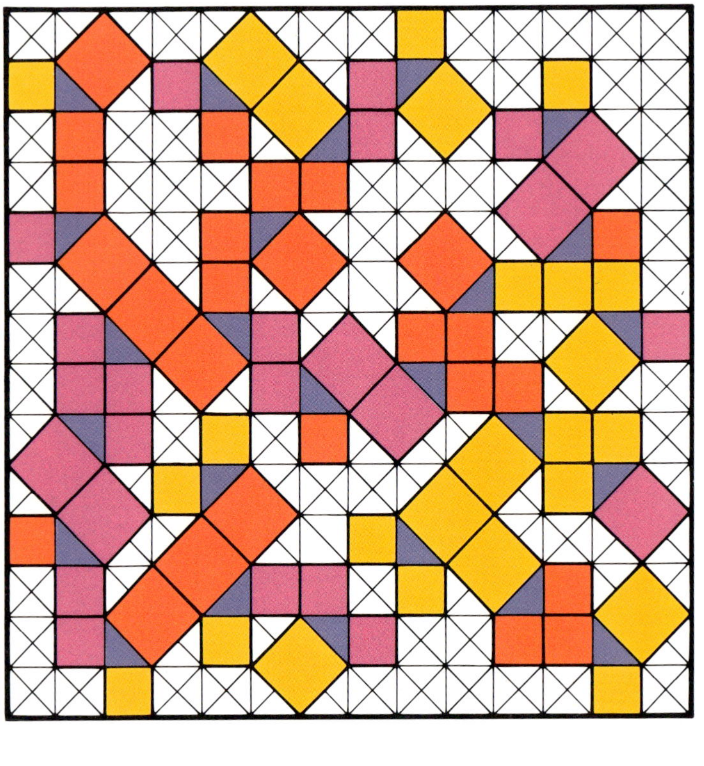

Pythagorino

Zwei Möglichkeiten, die Figuren aneinanderzulegen – mit dem großen Quadrat oder mit den kleinen Quadraten.

Die 27 Pythagorinos

Übertragen Sie 27 der obigen Figuren, schneiden Sie sie aus und malen Sie sie, wie angegeben, farbig aus.

Als wir das Werk Eulers und das Problem der Königsberger Brücken erwähnten, haben wir kurz das Thema Graphen angeschnitten. Ein **Graph** ist ein System aus (markierten) Punkten, Eck- oder Knotenpunkten, die durch Linien oder **Kanten** miteinander verbunden sind. Zwei Graphen gelten als gleich oder topologisch äquivalent, wenn einander zugeordnete Knotenpunkte auf sich entsprechende Art miteinander verbunden sind. Die genaue Lage der Knotenpunkte aber oder die Form der Kanten ist unwichtig; nur das Muster der Verbindungen zählt. Graphen verkörpern auf abstrakte Weise das »Skelett« vieler komplizierter Probleme. So können die Knotenpunkte beispielsweise die verschiedenen Aufgaben darstellen, die bei der Herstellung eines bestimmten Produkts durchgeführt werden müssen, und die Kanten können Aufgaben verknüpfen, von denen die eine die Voraussetzung für die andere ist. Durch eine Analyse des Graphen kann die optimale Reihenfolge der Aufgaben abgeleitet werden. Die Knotenpunkte können auch die Bausteine einer elektronischen Schaltung darstellen und die Kanten ihre Verbindung.
Graphen sind ein einfaches Beispiel für die Kraft einer mathematischen Abstraktion, alles Unwesentliche beiseite zu lassen und nur die wesentlichen Elemente eines Gebildes hervorzuheben. Eulers maßgebliche Arbeit über das Durchlaufen eines Graphen entlang den einzelnen Kanten ist eine der frühen Anwendungen. Aber es gibt noch viele andere, etwa die Anordnung chemischer Bindungen bei komplexen Molekülen oder die Anwendung bei rein mathematischen Problemen.
Ein der Eulerschen Theorie entsprechendes Problem ist das Hamiltonsche Problem: Wann ist es möglich, einen Weg durch einen Graphen zu finden, der jeden Punkt einmal berührt, aber nicht jede Kante benutzen muß? Beim »Reisenden Kaufmann« geht es um das gleiche Problem; die Knotenpunkte sind Städte, die sie verbindenden Linien Straßen. Die Aufgabe besteht nun darin, die zurückgelegte Strecke so kurz wie möglich zu halten.
Weder das Hamiltonsche Problem noch das des reisenden Kaufmanns ist bis heute restlos gelöst. Ein anregendes Geduldspiel, das auf ersterem beruht, ist Hamiltons **Dodekaederspiel**, das wir hier als **Galaktisches Spiel** vorstellen.

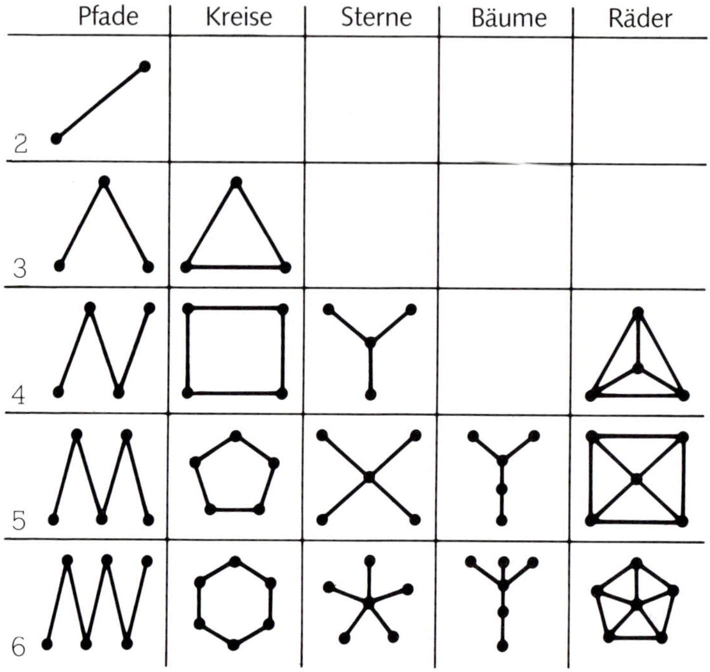

Fünf wichtige Familien einfacher Graphen

Ein »einfacher Graph« ist ein Graph, der keine Selbstschleifen hat (Linien, die einen Punkt mit sich selbst verbinden).
Viele einfache Graphen haben Namen wie Pfad, Kreis, Stern, Baum, Rad u. a. m.

Vollständige Graphen mit zwei bis sechs Punkten

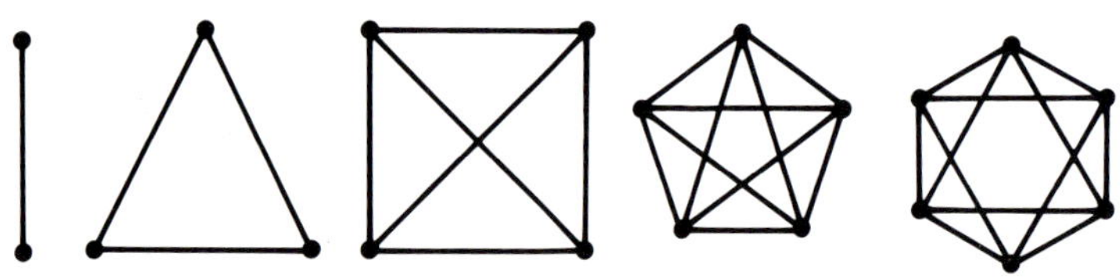

Galaktisches Spiel ▷

Schneiden Sie zwanzig runde Spielmarken aus und numerieren Sie sie von 1 bis 20. Die Spielregeln sind wie folgt:

1. Ziel des Spiels ist es, sämtliche Kreise (Planeten) auf einer Reise ohne Unterbrechung zu besuchen, indem man jeweils eine Spielmarke auf einen Kreis legt.
2. Die Spielmarken sollten in der Reihenfolge ihrer Numerierung gelegt werden.
3. Beginnen Sie die Reise an einem beliebigen Punkt. Sie sollten jeden Kreis einmal besuchen, aber am Ende wieder an Ihrem Ausgangspunkt ankommen. (Lösung: Seite 113)

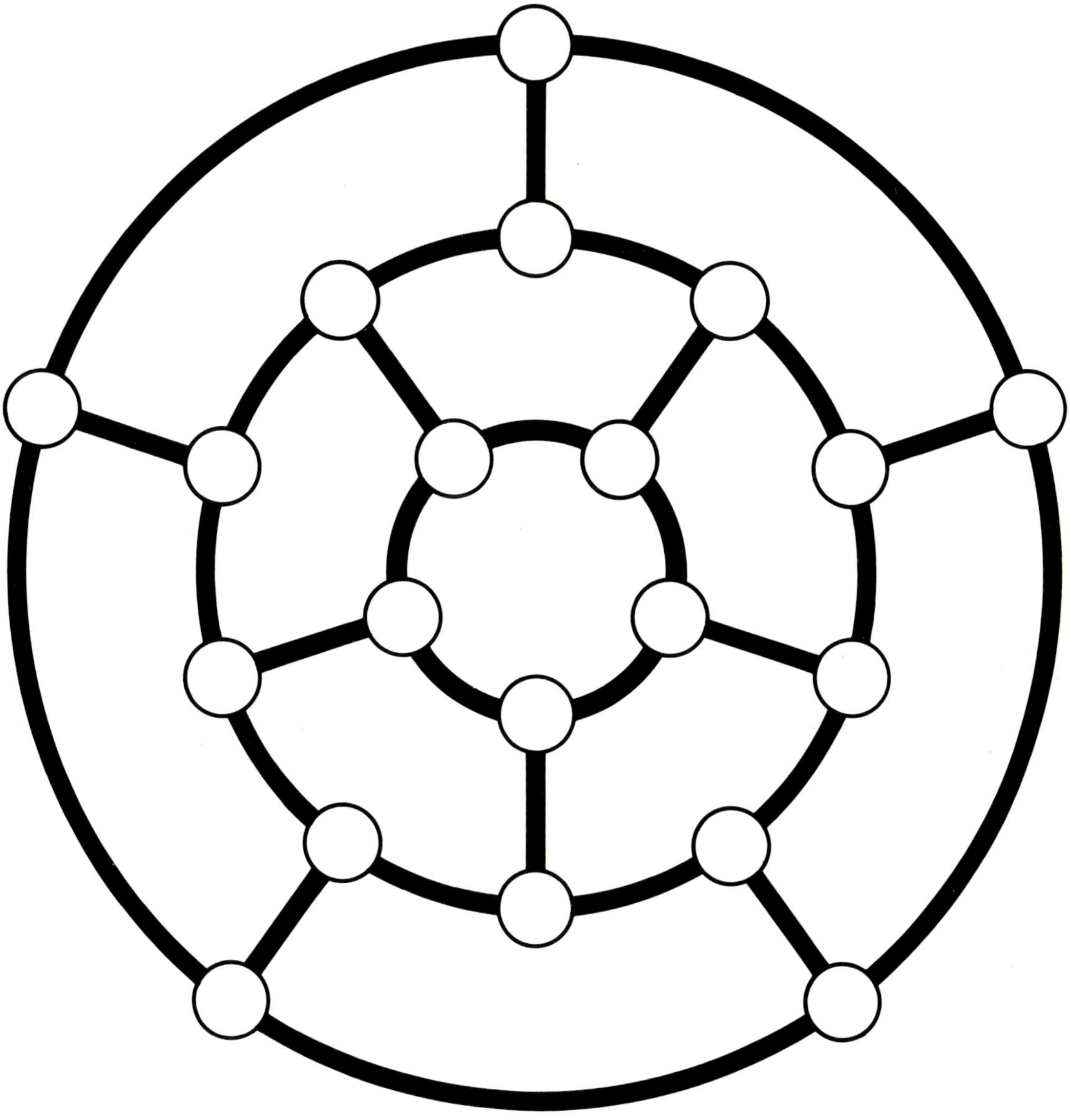

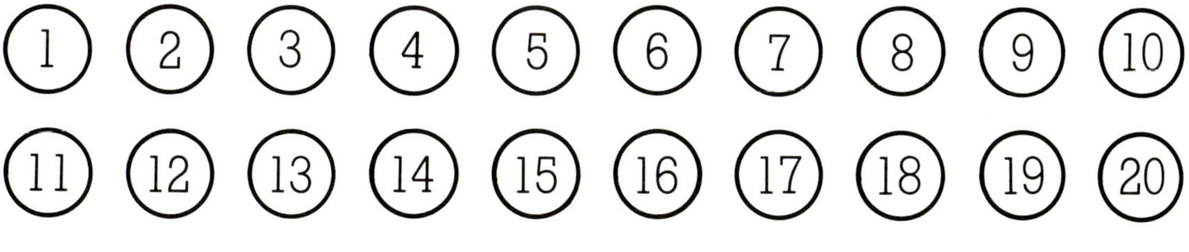
1 2 3 4 5 6 7 8 9 10
11 12 13 14 15 16 17 18 19 20

Graphen in einer Ebene

Wenn man auf einer Fläche einen Graphen zeichnen kann, so daß sich seine Kanten nur an den Knotenpunkten kreuzen, nennt man ihn **planar**. So muß der Graph, den die Bausteine einer elektrischen Schaltung auf der einen Seite der aufgedruckten Schaltungsplatte bilden, planar sein, damit es keinen Kurzschluß gibt. (In der Praxis benutzt man natürlich Verbindungen auf beiden Seiten der Platte, um so Überschneidungen aus dem Weg zu gehen.)
Der vollständige Graph mit vier Knotenpunkten, bei dem alle Paare durch eine Linie miteinander verbunden sind, ist planar. Der vollständige Graph mit fünf Knotenpunkten ist **nicht** planar, was sich aus einigen geometrischen Gedanken Eulers ableiten läßt. Der Graph für das Problem »Versorgungsbetriebe« hat sechs Knotenpunkte, die in zwei Dreiergruppen angeordnet sind: Jeder Punkt einer Gruppe ist mit allen Punkten der anderen verbunden.
Ist dieser Graph planar? Das heißt, können die Versorgungsbetriebe eine Verbindung zu den Häusern herstellen, ohne daß die Versorgungsleitungen »sich verheddern«?
Die Antwort lautet »nein«.
Ein Lehrsatz Kuratowskis zeigt denn auch, daß ein Graph dann planar ist, wenn er nicht selbst einen Graphen enthält, der entweder
a) ein vollständiger Graph mit fünf Knotenpunkten ist oder
b) der Versorgungsbetriebe-Graph.
Edwin Abbott hat ein bemerkenswertes und reizendes Stück mathematischer Science-fiction geschrieben, **Flatland** (Flachland), in dem polygonale Wesen ein zweidimensionales Universum bewohnen (Gedanken an eine dreidimensionale Welt gelten als offene Ketzerei).
Nach der Theorie der Graphen sind intelligente Flachland-Bewohner offenbar ausgeschlossen. Hätten ihre Gehirne mehr als vier Zellen, wäre es unmöglich, sie alle durch Nervenleitungen untereinander zu verbinden.
Ein Gehirn oder einen elektronischen Computer zu entwerfen wäre eine heikle Aufgabe – es sei denn, man würde irgendeine technische oder biologische Vorrichtung finden, die ermöglicht, daß sich Verbindungen kreuzen.
Vielleicht weisen von Neumanns Zellautomaten (vgl. S. 86) den Weg zu einer Antwort.

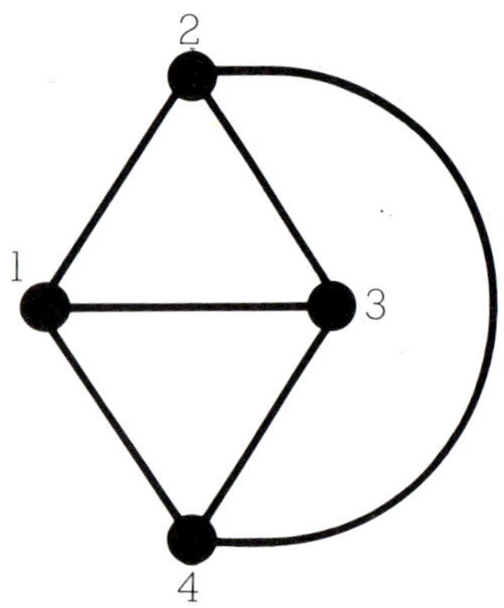

Ein zweidimensionaler Graph mit vier Punkten

Das Problem der Versorgungsbetriebe

Jedes Haus muß mit Gas, Wasser und Strom versorgt werden. Können Leitungen so gelegt werden, daß jedes Haus alle Energiearten erhält, ohne daß sich die Versorgungsleitungen überschneiden?
Würden alle Flachländer Gas, Wasser und Strom bekommen?

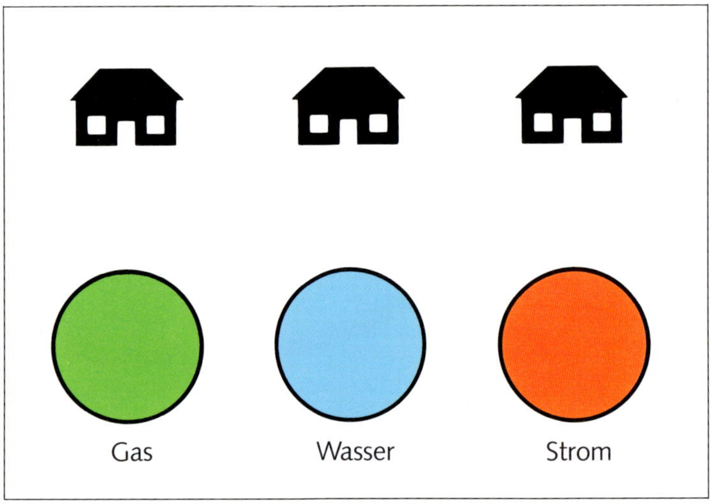

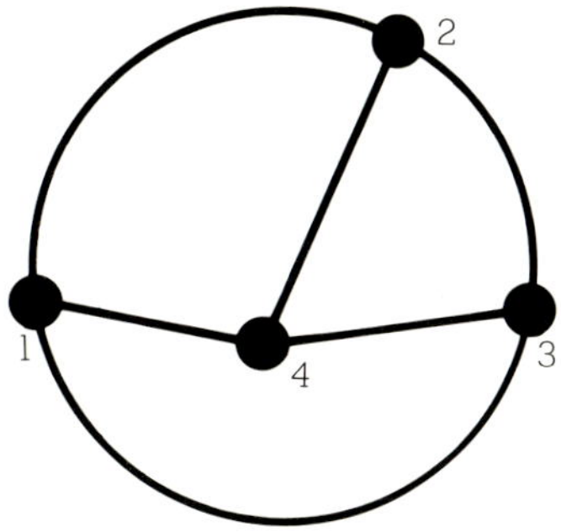

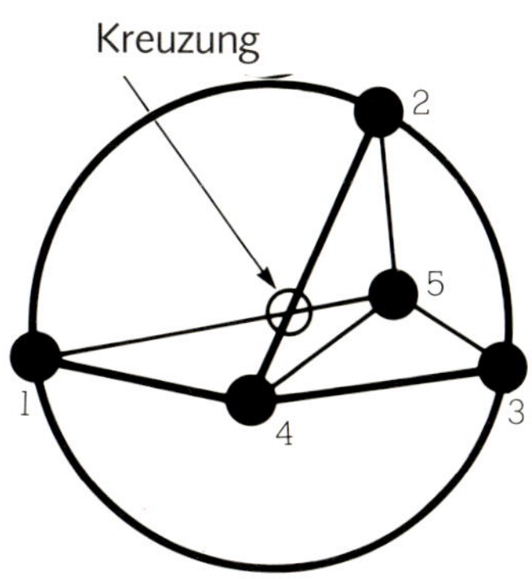

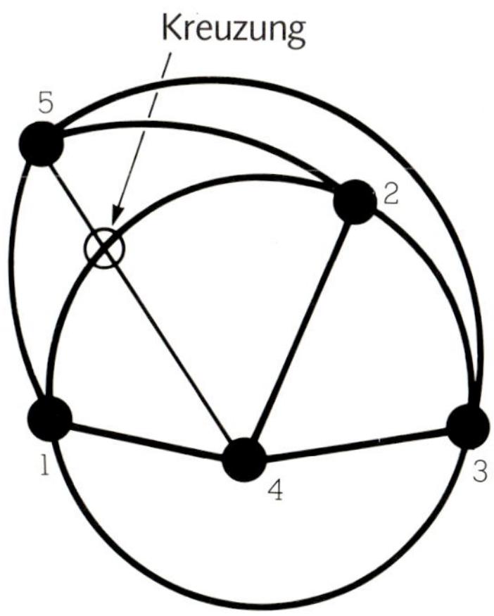

Vollständiger Graph mit fünf Punkten

Optischer Beweis dafür, daß der vollständige Graph mit fünf Punkten die Schnittpunktzahl 1 hat.

Wenn man zuläßt, daß sich Linien an anderen als den Knotenpunkten schneiden, dann kann jeder Graph zweidimensional gezeichnet werden. Eine solche »unbeabsichtigte« Überschneidung zweier Linien ist ein **Kreuzungspunkt**.
Eine topologische Verformung eines Graphen kann die Anzahl der Kreuzungen verändern. So kann der vollständige Graph mit vier Knotenpunkten als ein Quadrat samt seinen Diagonalen gezeichnet werden, dessen Ecken die Knotenpunkte sind. Das Überschneiden der Diagonalen ist eine Kreuzung in diesem Sinn. Der gleiche Graph läßt sich zweidimensional zeichnen, ohne daß es Überkreuzungen gibt.
Unter allen Arten, einen gegebenen Graphen in einer Ebene, also zweidimensional, zu zeichnen, gibt es mindestens eine, die weniger Kreuzungen aufweist als die anderen. Diese **kleinste** Anzahl Kreuzungen nennt man Schnittpunktzahl. Sie ist inzwischen eine topologische Unveränderliche.

Graphen mit der Schnittpunktzahl Null sind planare Graphen. Die Schnittpunktzahl ist außerordentlich schwer zu berechnen und im allgemeinen nicht einmal für vollständige Graphen bekannt. Beim vollständigen Graphen mit fünf Punkten ist sie nach dem Lehrsatz Kuratowskis 1.
Ein **vollständiger, zweiteiliger** Graph ist die verallgemeinerte Ausführung des Versorgungsbetriebe-Graphen. Seine Punkte sind in zwei Gruppen unterteilt, jeweils m beziehungsweise n Punkte. Alle Punkte einer Gruppe sind jeweils mit allen Punkten der anderen Gruppe verbunden; die Knotenpunkte innerhalb einer Gruppe sind jedoch nicht miteinander verbunden.
Beim Versorgungsbetriebe-Graphen ($m=n=3$) ist die Schnittpunktzahl 1. Auch hier ist die Schnittpunktzahl für m und n generell wiederum nicht bekannt. Ist zum Beispiel $m=n=7$, dann wissen wir, daß die Schnittpunktzahl entweder 77, 79 oder 81 ist. Aber niemand weiß, welche dieser drei Antworten die richtige ist!

Das Problem der vier Schulen

Sie werden erkannt haben, daß dies eine Aufgabe vom Typ $m=4$, $n=4$ ist. Vier Schüler wohnen in vier Häusern und gehen in vier verschiedene Schulen.
Bringen Sie jeden Schüler in seine Schule, ohne daß sich ihre Wege kreuzen.

Die Topologie ist zu einem Eckpfeiler der modernen Mathematik geworden. In der Topologie befassen wir uns mit den Eigenschaften einer Figur, die auch bei stetiger Verformung unverändert bleiben. Beispiele für Eigenschaften, die **nicht** topologisch sind, sind etwa die Winkel eines Dreiecks – durch Verformen des Dreiecks können die Winkel verändert werden. Ebenso sind auch die Seitenlängen keine topologischen Eigenschaften. Nicht einmal Ein-Dreieck-**Sein** ist eine topologische Eigenschaft; durch Einführen einer Krümmung bei einer der Dreiecksseiten kann das Dreieck ständig verformt und zu einem Viereck werden. Es geht sogar so weit, daß für einen Anhänger der Topologie ein Dreieck das gleiche wie ein Quadrat, wie ein Parallelogramm, ja sogar wie ein Kreis ist! Es ist unverständlich, daß, mit topologischen Augen gesehen, kaum etwas von der traditionellen Geometrie übrigbleibt.
Welche Eigenschaften sind denn dann topologisch? Die Tatsache, daß ein Dreieck eine Innen- und eine Außenseite hat, und daß es nicht möglich ist, von einer zur anderen zu gelangen, ohne eine Kante des Dreiecks zu kreuzen, ist eine topologische Eigenschaft. Die Tatsache, daß der Schlauch eines Reifens in der Mitte ein Loch hat, ist eine topologische Eigenschaft; selbst bei stärkster Verformung behält der Schlauch das Loch.
Ob eine Seilschlinge verknotet ist oder nicht, ist eine topologische Eigenschaft.
Zu den Grundbegriffen der Topologie gehören viele Vorstellungen, die wir als Kinder kennenlernen: Innenseitigkeit und Außenseitigkeit, Rechts- und Linkshändigkeit, Verbinden, Verknüpfen, Verbundenheit und Unverbundenheit. Topologie ist die Wissenschaft des **Qualitativen.** Zwei Figuren gelten als **topologisch äquivalent**, wenn die eine stufenlos in die andere umgeformt werden kann. Eine Kugel und ein Würfel sind demnach topologisch äquivalent, die Zahl 8 und der Buchstabe B sind es ebenfalls. (Beide haben zwei Löcher.)
Eines der grundlegenden Probleme in der Topologie ist, Gegenstände in Kategorien topologisch äquivalenter Objekte einzuteilen.
Topologie ist etwas sehr Grundlegendes. Ungefähr in den letzten dreißig Jahren ist sie auf Probleme der Mechanik, der Chemie, der Physik, der symbolischen Logik, der Wettervorhersage, des Magnetismus, der Biologie und der Psychologie angewandt worden.
Ein einfaches Gebiet, auf dem topologische Ideen entstehen, ist die Theorie der Graphen. Wenn Knotenpunkte durch Linien verbunden werden, interessiert nicht die genaue **Lage** der Linien und Punkte, sondern die Art, **wie sie miteinander verbunden sind**. Ein Graph ist zum Beispiel dann **verbunden**, wenn »alles an einem Stück« ist, das heißt, wenn ein ununterbrochener Weg von jedem Knotenpunkt zum anderen führt. Die genaue Form der Linien ist unerheblich – Verbundenheit ist das topologische Charakteristikum.
Oder wenn ein Graph einen **Umfang** hat – eine geschlossene Schleife mit eindeutigen Kanten –, dann ist das auch bei jedem topologisch äquivalenten Graphen so. In mancher Hinsicht sind die einfachsten Graphen diejenigen, die keinen Umfang haben. Das sind die sogenannten **Bäume** – sie verzweigen sich oft, und die Verzweigungen verbinden sich nie mehr miteinander.
Hier sehen wir die verschiedenen topologischen Arten eines Baums, die aus bis zu sieben Knotenpunkten bestehen können.
Wir können auch mit einer Gruppe bezeichneter Knotenpunkte beginnen und fragen, wie viele verschiedene Bäume sie **überspannen** (das heißt verbinden) können. Bei vier Punkten sind es sechzehn Bäume.
Wie wir noch sehen werden, können im allgemeinen n Punkte von n^{n-2} Bäumen überspannt werden.
Viele Vorgänge, die sich verzweigen, können als Baum dargestellt werden. Die Strategietheorie bei Spielen beruht grundsätzlich darauf, das Spiel als einen Baum zu sehen; Computerprogramme, die Spiele wie Schach, Dame oder Backgammon spielen, machen ausgiebigen Gebrauch von diesem Gedanken.
Der Baum ist ein traditionelles Symbol des Lebens und Wachstums.

Graphen von überspannenden Bäumen

Die sechzehn bezeichneten Bäume, die vier Punkte überspannen.

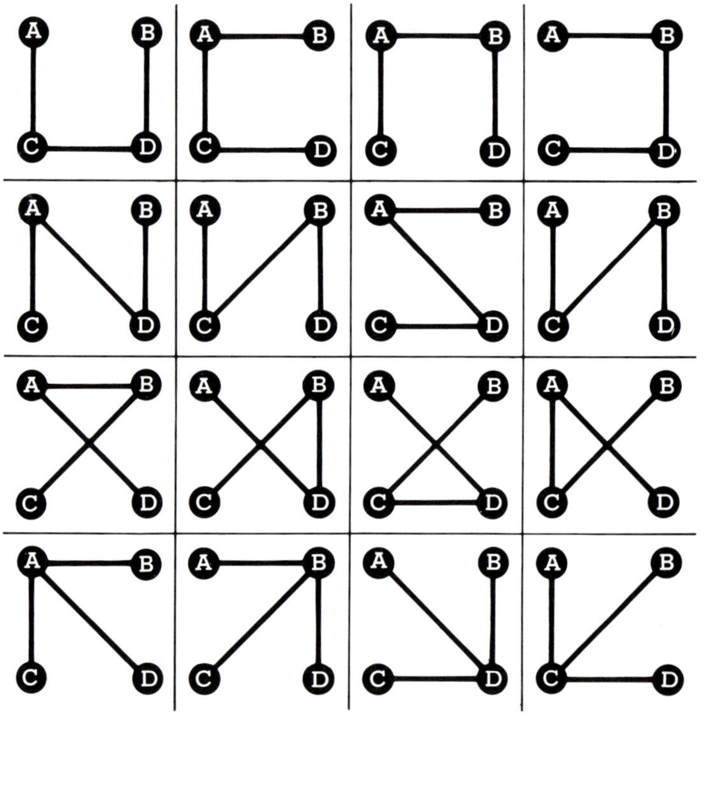

Er taucht bereits in den frühen Versuchen auf, logische Zusammenhänge graphisch darzustellen. Dem Aristoteles waren sie bekannt. Philosophen der Frühzeit und des Mittelalters waren besessen von Baumgraphen, so wie viele moderne Soziologen von Graphen allgemein nicht mehr loskommen; Baumgraphen werden auch noch sehr oft benutzt, um Objekte in hierarchischen Systemen einzuordnen. Die Einordnung von Lebewesen in Stämme, Gattungen, Spezies etc. ist ein Beispiel dafür.
Porhyry, ein römischer Philosoph des 13. Jahrhunderts, regte den »Baum des Porhyry« an, was im wesentlichen das ist, was man heute als **Binärbaum** bezeichnet (höchstens zwei Verzweigungen kommen an jedem Knotenpunkt vor). Jede Reihe mit Ja/Nein-Fragen, wie sie oft zur Klassifizierung oder bei Computerschaltungen verwendet werden, führt zu einem Binärbaum.

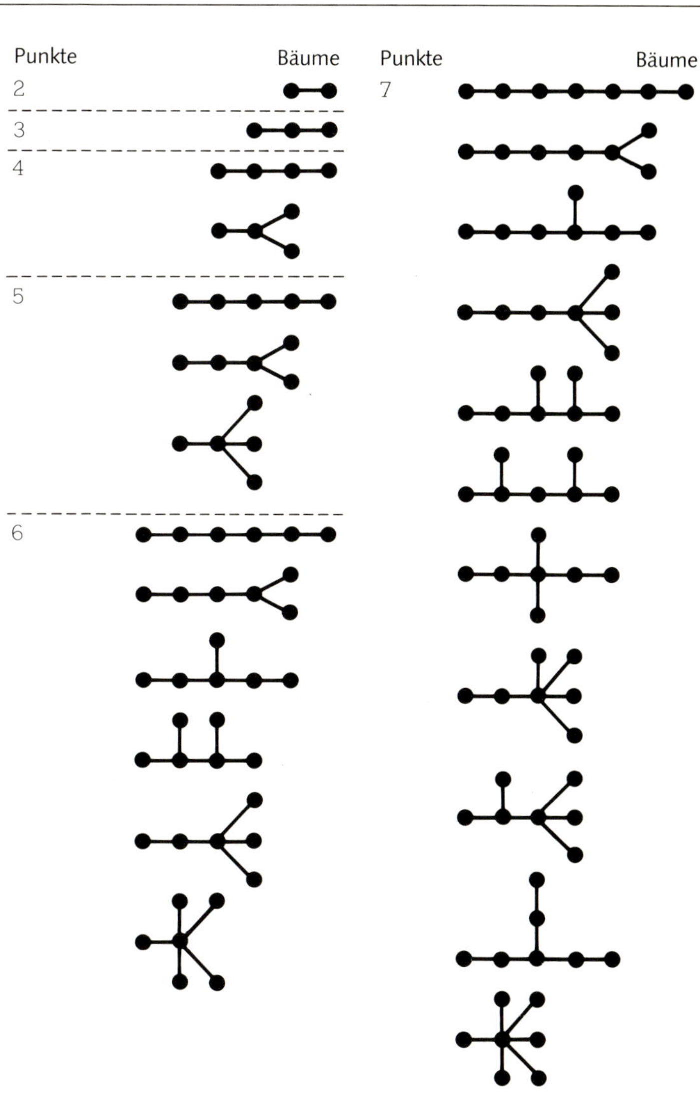

Topologisch unterschiedliche Bäume mit zwei bis sieben Punkten

ABCD
EFGH
IJKLM
NOPQ
RSTU
VWX
YZ

Die Topologie des Alphabets

Welche Buchstaben sind Bäume? Welche Buchstaben sind topologisch äquivalent?

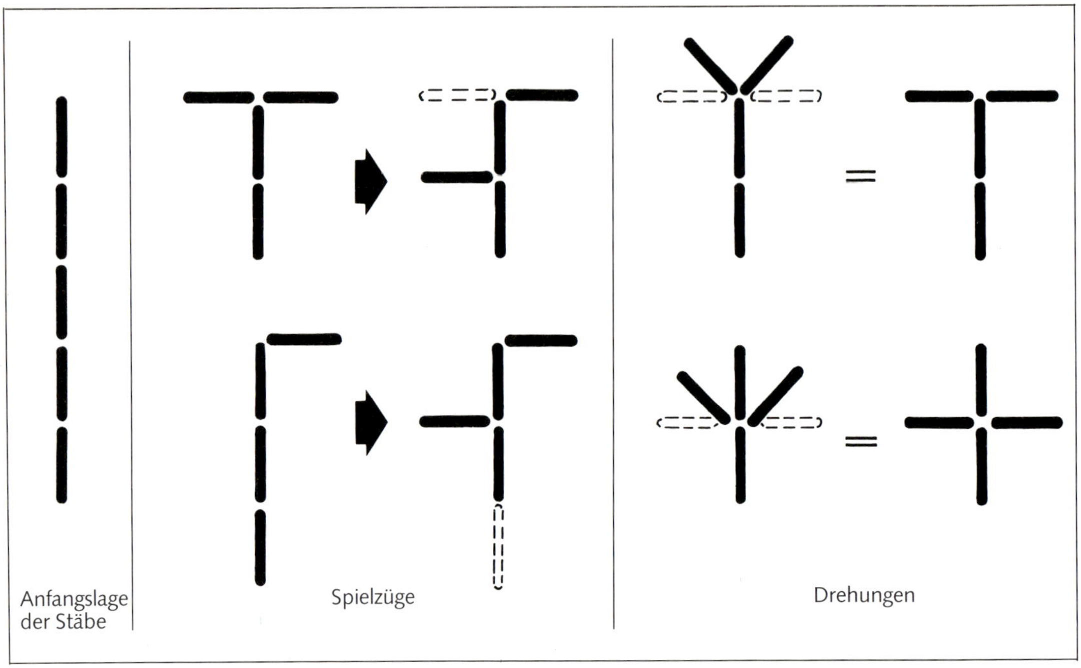

Baum

Züge und Drehungen

Der Gedanke der topologischen Äquivalenz ist für die moderne Mathematik sowohl in angewandter wie in reiner Form von grundlegender Bedeutung. Es sollte eine Selbstverständlichkeit für jeden sein, diese Vorstellungen zu verstehen und anzuerkennen.
Baum, ein einfaches und außergewöhnlich lohnendes Gesellschaftsspiel für zwei oder mehr Spieler, soll dieses Verständnis wecken. Es ist ein elegantes und auch anregendes Spiel, und außerdem eine lehrreiche Hilfe.
Für das Bäume-Spiel sind folgende Utensilien erforderlich:
a) Ein Kartenspiel mit der stilisierten Darstellung eines vollständigen Satzes Baumgraphen mit 3, 4, 5 beziehungsweise 6 Knotenpunkten.
b) Ein aus sechs Stäben bestehender Satz, mit denen man die auf den Karten dargestellten Graphen nachlegen kann.

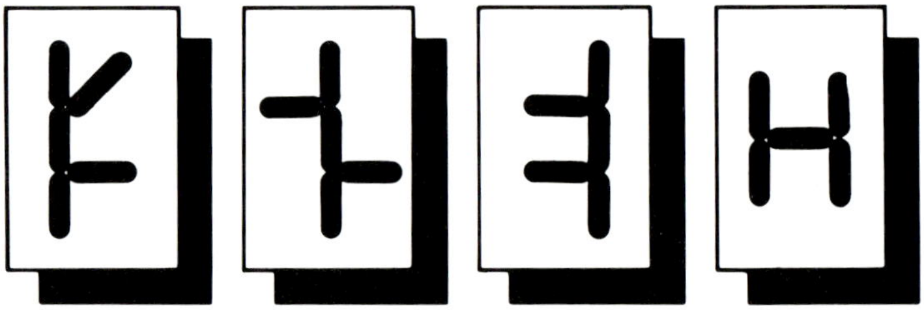

Karten für das Spiel Baum

Ein Satz topologisch äquivalenter Karten (ein Graph mit sechs Punkten in vier verschiedenen Bildern).

Spielregeln

Ziel des Spiels ist es, möglichst viele Punkte dadurch zu sammeln, daß man mit den Stäben die auf den Karten dargestellten Graphen legt.
Die Karten mischen und den Stapel verdeckt in die Mitte legen.
Fünf Stäbe in einer geraden Linie auf den Tisch legen. Der sechste Stab wird in Reserve gehalten.
Der erste Spieler nimmt die obersten drei Karten vom Stapel und dreht sie um. Er hat nun **zwei** Züge (sie werden unten erklärt), um die Lage der Stäbe auf dem Tisch so zu ändern, daß sie den auf den Karten dargestellten Graphen entsprechen.
Gelingt es einem Spieler, einen Graphen zu bilden, nimmt er die entsprechende Karte an sich und behält sie bis zum Spielende.

Die Züge: Es gibt drei Grundzüge:
1. Einen Stab vom Tisch aufnehmen und in eine andere Stellung legen.
2. Einen Stab aus der Reserve dazulegen.
3. Einen Stab entfernen und in die eigene Reserve nehmen.

Ein Spieler kann aber auch so viele **Drehungen** vornehmen, wie erforderlich sind, wobei eine Drehung wie folgt ausgeführt wird:
4. Einen Stab um eines seiner Enden drehen, vorausgesetzt dieses Ende hat Verbindung zum übrigen Graphen. Ein Stab, der mit beiden Enden mit dem Graphen verbunden ist, kann nicht gedreht werden.

Drehungen zählen **nicht** als Züge, bleiben also bei den zwei Zügen, die jedem Spieler pro Karte zustehen, unberücksichtigt. Aber man darf entsprechend neue Karten umdrehen, wenn man eine Figur nur durch eine oder mehrere Drehungen gelegt hat (also keine Züge benötigt hat).
Der zweite Spieler nimmt so viele Karten vom Stapel, daß wieder drei Karten umgedreht auf dem Tisch liegen und verfährt wie der erste Spieler.
Das Spiel ist zu Ende, wenn alle Karten aufgenommen sind. Gewonnen hat der Spieler, der die meisten Karten gesammelt hat.

Variationen

Dieses Spiel gibt es in zwei Arten, der klassischen und der topologischen.
Bei der klassischen Version darf der Spieler die Karte nur dann an sich nehmen, wenn der mit den Stäben gebildete Baum genau der Darstellung auf der Karte entspricht.
Bei der topologischen Version kann die Karte auch dann genommen werden, wenn die beiden Bäume topologisch äquivalent sind.
Wenn man das Spiel in beiden Versionen spielt, kann man eine hervorragende Vorstellung vom Unterschied zwischen genauer Gleichartigkeit und topologischer Äquivalenz bekommen.

Spielbeispiel zu Baum

Oben: Drei von einem Spieler aufgedeckte Karten.
Unten: Die Züge des Spielers, dem es gelingt, alle drei Karten einzubehalten.

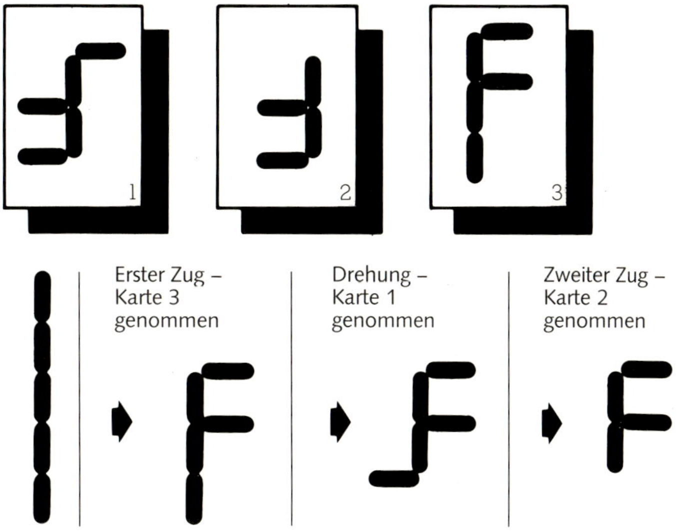

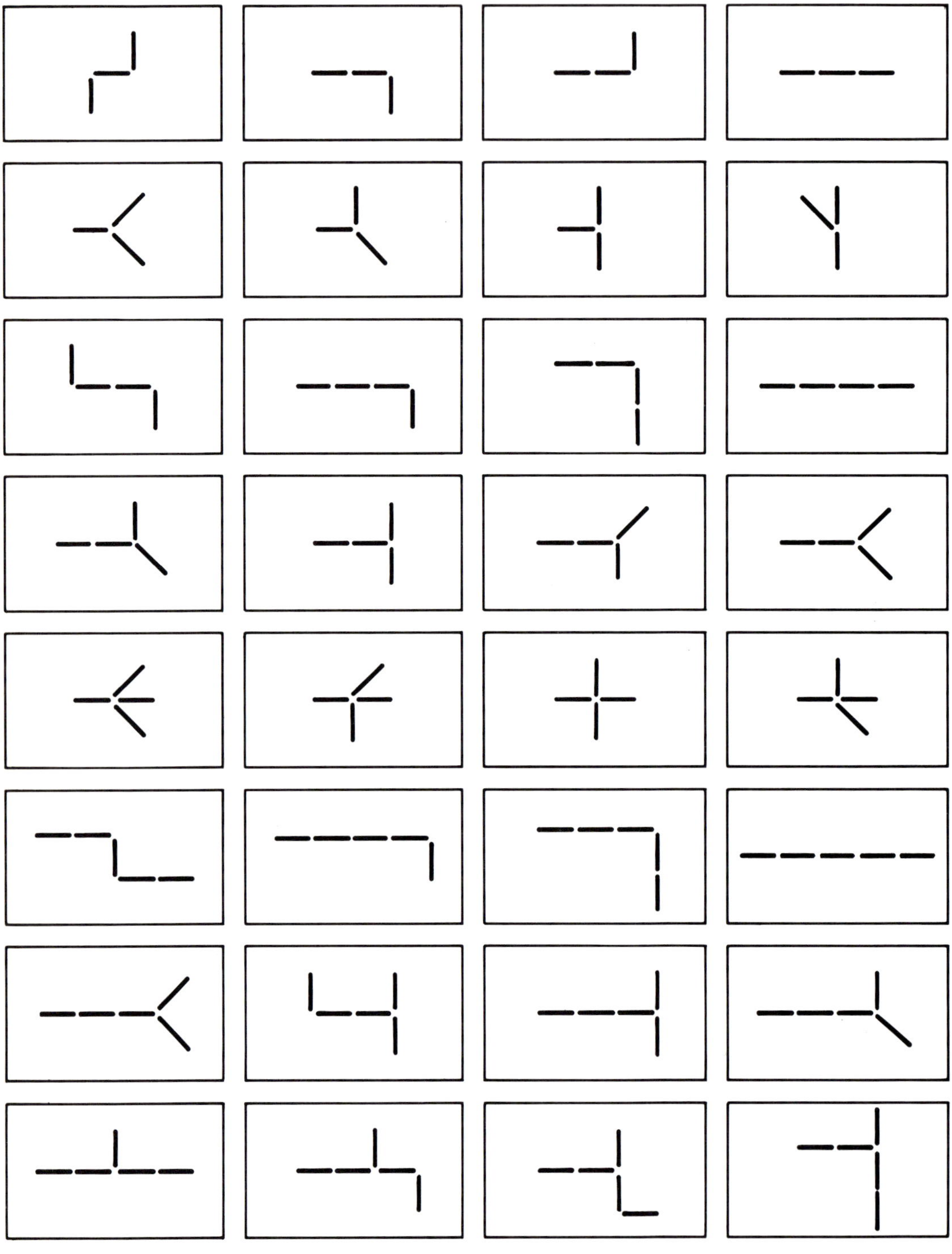

Der volle Kartensatz für Baum

Ein Satz mit sechzehn topologisch äquivalenten Karten, von denen jede in vier topologisch äquivalenten Abwandlungen vorkommt, so daß es insgesamt vierundsechzig Karten sind.

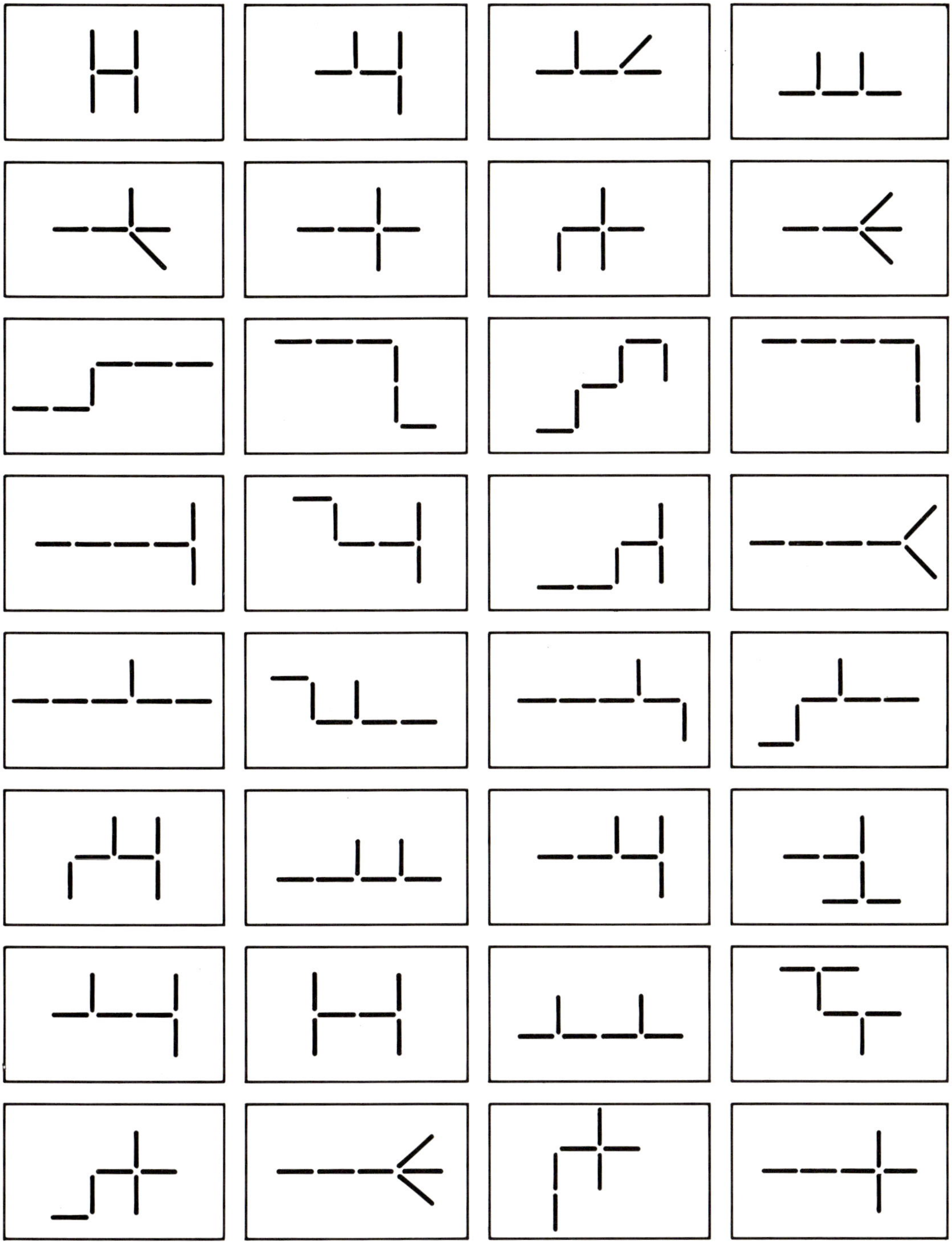

30 Das Ramsey-Spiel

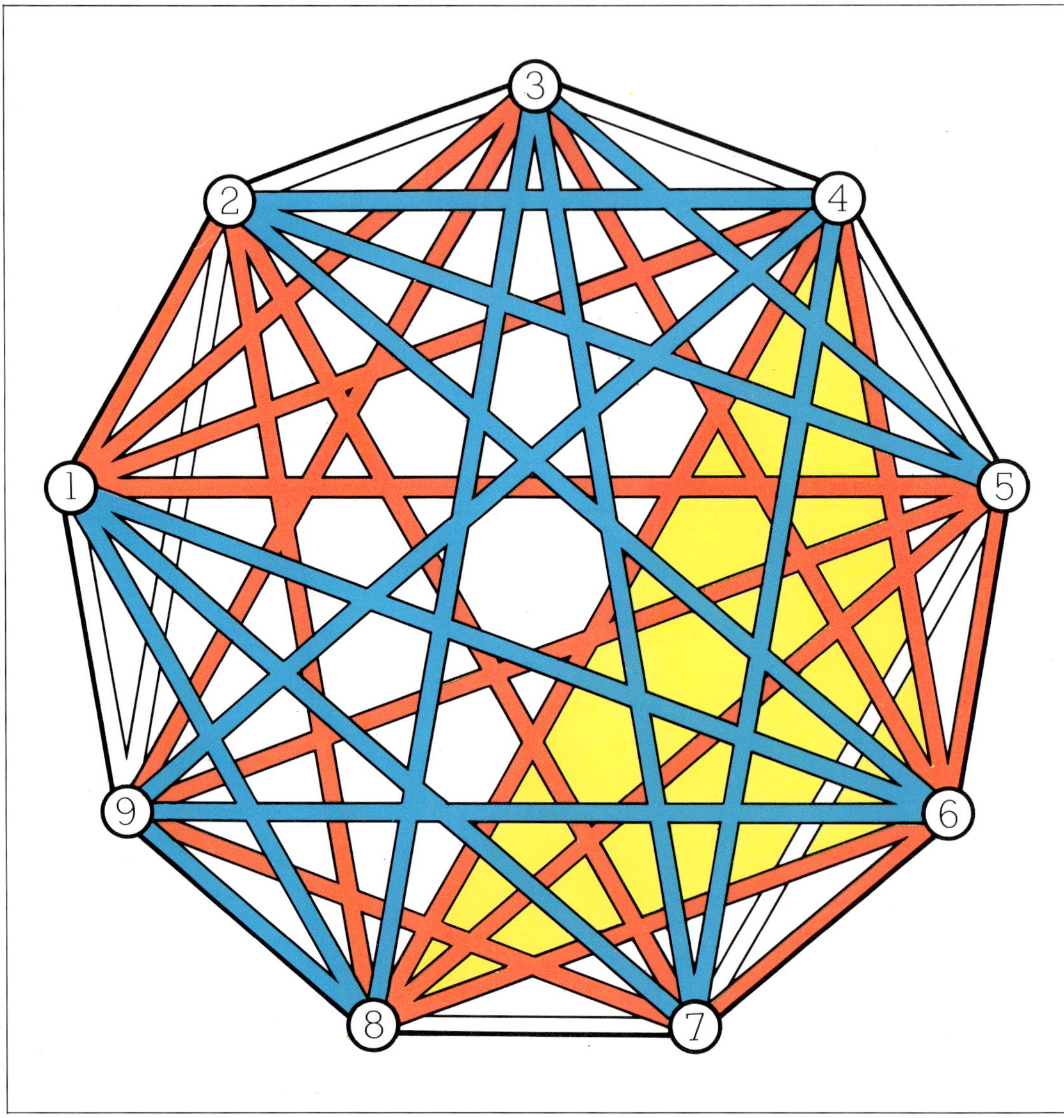

Bei vielen Problemen ist es nötig, die Kanten eines Graphen durch die Zuordnung einer Kennzeichnung von anderen zu unterscheiden. Eine sehr gefällige Art, das zu tun, besteht darin, die Kanten farbig anzumalen. Wir könnten nun fragen, wie viele Farben notwendig sind, damit bestimmte vorher festgelegte Bedingungen erfüllt werden – zum Beispiel, daß keine der Kanten, die sich an einem Knotenpunkt berühren, die gleiche Farbe wie eine der anderen haben darf.
Ist es möglich, die Kanten eines vollständigen Graphen mit nur **zwei** Farben so anzumalen, daß nirgendwo drei gleichfarbige Kanten ein Dreieck bilden? Bei vier (Antwort: ja) und fünf (Antwort: nein) Knotenpunkten ist es ganz einfach, es selber auszuprobieren. Können Sie eine Lösung für vier Punkte finden? Können Sie beweisen, daß es keine Lösung für fünf Punkte gibt?
Ramsey hat einige allgemeine Lehrsätze dieser Art bewiesen, und nach ihm ist auch unser Spiel benannt, einen Graphen farbig anzumalen. Zwei Spieler (Rot und Blau) malen abwechselnd jeweils eine Karte eines vollständigen Graphen mit neun Knotenpunkten rot beziehungsweise blau an. Wer als erster gezwungen ist, ein geschlossenes Dreieck zu zeichnen, dessen drei Kanten die gleiche Farbe haben, **verliert**. Man kann für das Spiel die nebenstehende Zeichnung verwenden und braucht dann nur noch Farbstifte und Transparentpapier.
Man kann für dieses Spiel auch andere vollständige Graphen benutzen.

Das Ramsey-Spiel mit einem vollständigen Graphen mit neun Punkten

Der mit Rot spielende Spieler hat verloren, weil er gezwungen war, ein rotes Dreieck zu schließen (gelber Bereich). Versuchen Sie, das Spiel mit anderen vollständigen Graphen zu spielen.

Spielfeld des Ramsey-Spiels für einen vollständigen Graphen mit neun Punkten

Legen Sie ein Blatt durchsichtiges Papier über das Spielfeld, damit Sie immer wieder von vorne anfangen können.

Wenn zwei zweidimensionale Figuren, die durch Gerade begrenzt werden (regelmäßige oder unregelmäßige Polygone), aus dem gleichen Satz Teilstücke zusammengesetzt werden können, indem man sie auf verschiedene Arten zusammenlegt, dann ist klar, daß die **Flächeninhalte** der beiden Figuren gleich sind. Umgekehrt läßt sich zeigen, daß zwei Polygone gleicher Fläche in eine endliche Anzahl Teilstücke zerlegt werden können, die man dann zusammenfügen kann, so daß sie die beiden ursprünglichen Polygone bilden.

Bei Aufgaben, die sich mit dem Zerlegen befassen, sind die Einzelstücke vielleicht schon fertig vorgegeben; das Ziel ist dann, möglichst viele interessante Muster zusammenzustellen. Das alte chinesische Zusammensetzspiel **Tangram** ist ein Beispiel dafür.

Andererseits ist es möglich, daß nur die beiden Polygone gegeben sind. Dann besteht die Aufgabe darin, Möglichkeiten zu finden, sie zu zerlegen. Im allgemeinen wird dabei angestrebt, mit möglichst wenigen Stücken auszukommen.

Eine dritte, scheinbar paradoxe Variante sieht vor, eine Fläche in Teilstücke zu zerlegen, ein Stück wegzunehmen, und dann wieder zur ursprünglichen Fläche zusammenzusetzen. Von der Fläche her gesehen ist das unmöglich. Trotzdem – beim Zusammensetzspiel **Mysterix** (vgl. S. 47) gelingt das offenbar (Wie?) Puzzles sind Zusammensetzspiele einer anderen (nicht so interessanten) Art, die nur eine Möglichkeit des Zusammensetzens kennen. Das Zerlegen ist typisch für viele einfache, aber dennoch differenzierte Aufgaben, die keinen offenkundigen Anfangspunkt haben, »nichts, woran man sich halten kann«. Das macht sie schwierig, aber auch zu einer Herausforderung.

Im Jahr 1900 hielt der berühmte Mathematiker David Hilbert einen Vortrag in Paris, bei dem er dreiundzwanzig ausnehmend schwierige mathematische Probleme anführte. Viele davon beschäftigen uns noch heute, aber eins konnte Max Dehn nach einem Jahr lösen. Hilbert hatte gefragt, ob zwei polyedrische Körper gleichen **Inhalts** immer in ein System identischer Teilstücke zerlegt werden können – er vermutete, daß dies nicht möglich wäre. Dehn wies nach, daß Hilberts Vermutung richtig war.

Das chinesische Zusammensetzspiel Tangram

Das älteste bekannte mathematische Zusammensetzspiel ist das chinesische Tangram.

Es gibt Dutzende von Abarten, aber in seiner ursprünglichen Form ist es wahrscheinlich das Beste seiner Art. Es ist eine lohnende Herausforderung, mit den Einzelteilen eine unendliche Vielfalt abstrakter wie auch gegenständlicher Figuren zusammenzusetzen.

Die Abbildung oben zeigt, nach welchem Schema die Fläche zerlegt ist. Die Abbildung in der Mitte zeigt einige figürliche Proben. Unten einige abstrakte Aufgaben, die im allgemeinen schwieriger als die gegenständlichen Figuren zusammenzusetzen sind.

Das Doppel-Tangram

Kopieren Sie zwei Sätze des Tangram-Zusammensetzspiels und schneiden Sie sie aus. Vervollständigen Sie die beiden großen abgebildeten Quadrate.
Jedes der Quadrate hat die gleiche Fläche, wie die zwei Tangrams, und bei beiden ist die Lage der vier großen Dreiecke bereits vorgegeben.

Der Aufbau

Die sechs Formen

Die drei Größen und Farben

Spielzeug, Häuser, Blumen, Autos, Kirchen, Fahnen, Personen, Kinder, Boote, Swimmingpools, Kühe, Puppen, Pferde, Enten, Affen, Weltraumraketen...
Die Welt selbst des kleinsten Kindes ist angefüllt mit einer fast endlosen Vielfalt. Es ist eine Welt mit seltsamen und aufregenden Dingen.
Es ist unerläßlich, daß das Kind während seiner Erziehung lernt, eine Beziehung zu diesen Dingen zu bekommen und auch eine Beziehung zwischen den Dingen herzustellen, sie aufgrund ihrer Merkmale zu unterscheiden und zu erkennen, welche sicher sind und welche es meiden sollte.
Aber wo soll es anfangen? Was haben diese so unterschiedlichen Dinge gemein?
Sie alle haben eine Form.
Sie alle haben eine Größe.
Sie alle können gezählt werden.
Sie alle haben irgendeine Farbe.
Viele bewegen sich.
Viele wachsen...
Mit Hilfe dieser grundlegenden Merkmale, der Form, der Größe, der Anzahl, der Farbe, der Bewegung und des Wachstums, kann das Kind angeleitet werden, viele der elementaren Vorstellungen der Mathematik zu entdecken und eine Beziehung zwischen ihnen und der ihm vertrauten Welt herzustellen.
Das Formenfamilie-Programm ist für den Kindergarten und die Vorschule gedacht. Aber sein Nutzen endet nicht immer dort. In einer Schule im Zentrum New Yorks hat man es begeistert aufgegriffen und noch mit Schülern von elf Jahren durchgenommen.
Es gibt nur sechs Grundelemente: Quadrat, Rechteck, Kreis, Halbkreis und zwei Dreiecksarten. Jedes Element kommt in drei Größen und drei Farben vor.
Hinter dem ganzen steht als übergeordneter Gedanke der pythagoreische Lehrsatz.

Eine pythagoreische Welt voller Spaß ▷

Mit nur wenigen Formen können sie alle möglichen Dinge erschaffen – ein ganzes Universum.

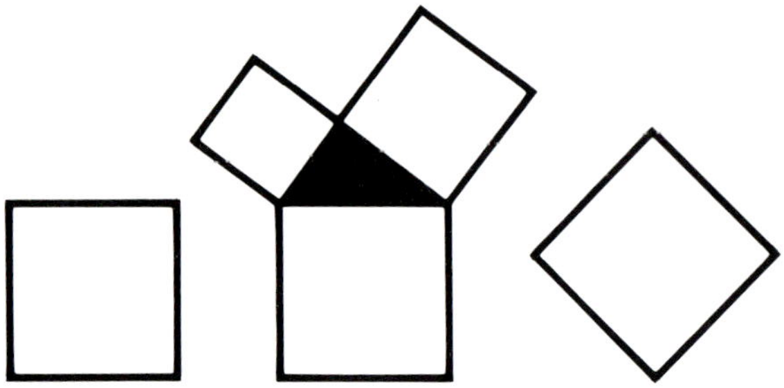

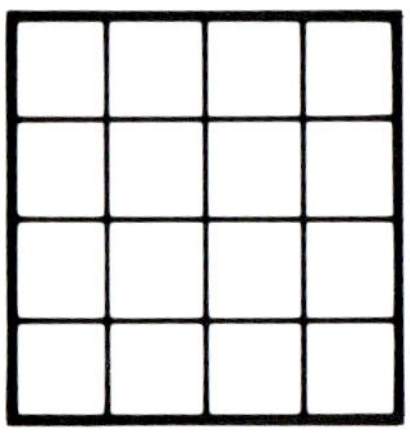

4	9	2
3	5	7
8	1	6

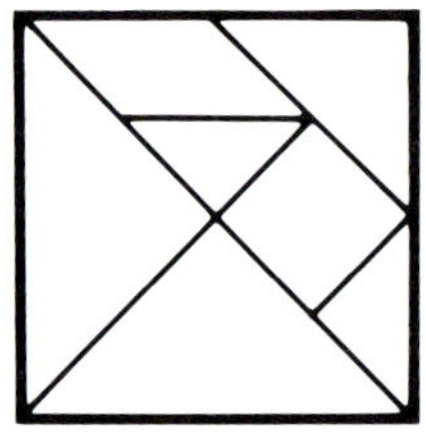

»Es ist ein Quadrat.
Sehr schön.
Gleichseitig und rechtwinklig.«

(Lewis Carroll)

Das Quadrat ist das einfachste, symmetrischste und vollkommenste Viereck. Seine Seiten sind gleich lang, seine Winkel sind rechte Winkel. Doch seine Schlichtheit trügt. Das Quadrat verbirgt hinter seiner kargen Geometrie ungezählte geistige Fallgruben.
Es ist **statisch**, wenn es auf einer seiner Seiten ruht, **dynamisch**, wenn es auf einer Ecke steht. Unterteilt man es in seine Grundquadrate, ist es eine **Matrix** und ein **Gitter**. Und wenn man es in bestimmter Anordnung mit Zahlen füllt, wird es ein magisches Quadrat.

Seit undenklichen Zeiten ein Partner des rechtwinkligen Dreiecks, spielt es die Hauptrolle im pythagoreischen Drama, die Inspiration für mehr Mathematiker, als den meisten von uns bewußt ist. Vom Lehrsatz des Pythagoras zur Allgemeinen Relativitätstheorie Einsteins, von der Flächengeometrie Euklids zur Krümmung des Raums sind es nur drei oder vier Schritte, und immer hat das Quadrat entscheidenden Anteil. In der Natur finden wir das Quadrat in den Kristallen vieler Minerale, einschließlich dem gewöhnlichen Salz. Es stand Pate bei den Proportionen berühmter Bauten des Altertums und moderner Gebäude. Und es spielte eine Rolle beim Aufbau des hebräischen Alphabets.
Das Quadrat stand an der Wiege vieler sehr alter Spiele, die noch heute gespielt werden – Schach, Go, Solitär, Domino, und auch bei zahllosen neuen Spielen, die erst noch erfunden werden müssen, wird es Geburtshilfe leisten.

Zerlegen eines Quadrats

Alle angeführten Beispiele beruhen auf einer Zwei- oder Dreiteilung der Seiten des Quadrats.
Man kann sie daher leicht zeichnen, farbig ausmalen und ausschneiden und bekommt zwölf Puzzles.
Die Quadrate so wieder zusammenzufügen, wie sie ursprünglich waren, ist gar nicht so einfach.

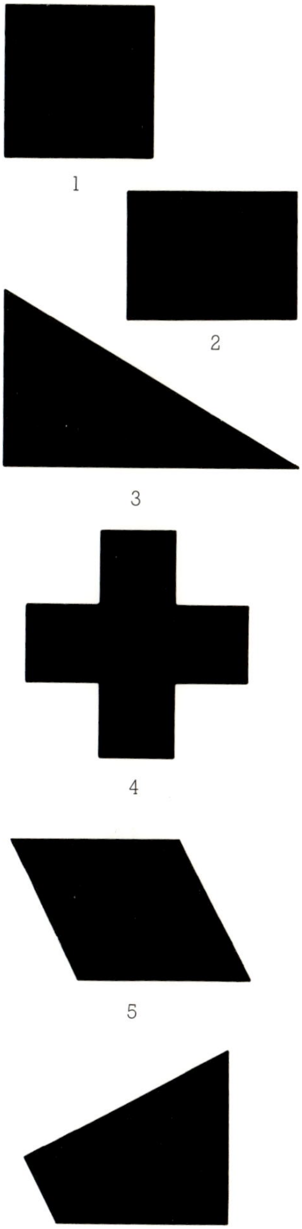

In fünf Teile zerlegtes Quadrat

Übertragen Sie die fünf abgebildeten Teile und schneiden Sie sie aus.
Fügen Sie die fünf Teile wieder zusammen und bilden Sie nacheinander folgende geometrische Figuren:

1 Quadrat
2 Rechteck
3 Dreieck
4 Schweizer Kreuz
5 Parallelogramm
6 Rhomboid

(Lösung: Seite 113)

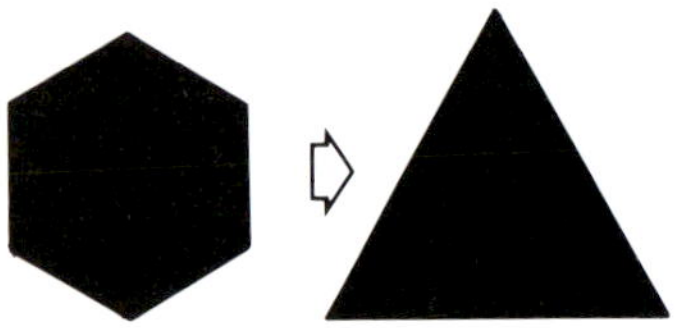

Verwandlungspuzzle – vom Sechseck zum Dreieck

Übertragen Sie die sechs Teile des Sechsecks und schneiden Sie sie aus. Setzen Sie die sechs Teile dann so zusammen, daß sich ein gleichseitiges Dreieck ergibt.

(Lösung: Seite 113)

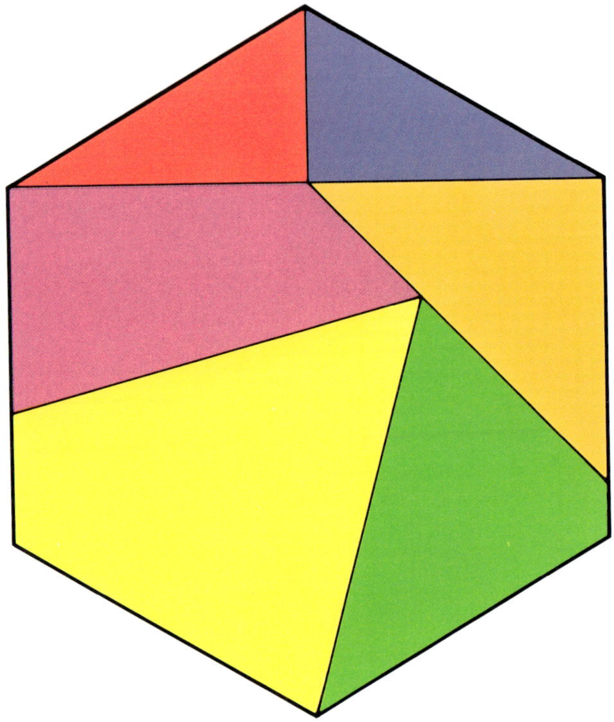

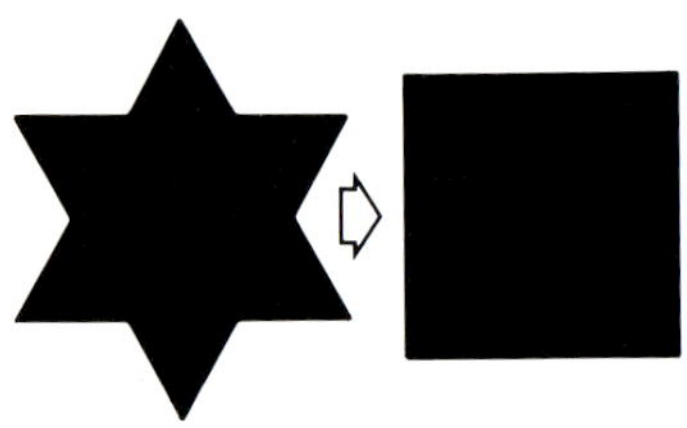

Sechszackiges Sternenpuzzle

Übertragen Sie die sechs Teile des sechszackigen Sterns und schneiden Sie sie aus.
Setzen Sie die sechs Teile dann so zusammen, daß sich ein Quadrat ergibt.

(Lösung: Seite 113)

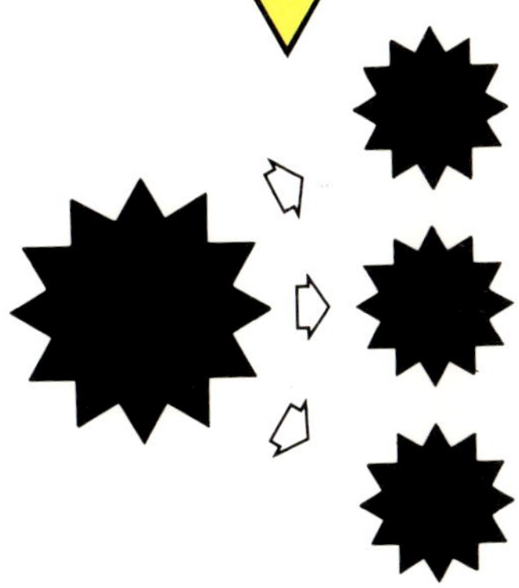

Sternenpuzzle

Übertragen Sie die vierundzwanzig Teile des zwölfzackigen Sterns und schneiden Sie sie aus.
Setzen Sie die vierundzwanzig Teile dann so zusammen, daß sich drei identische kleinere Abbilder des großen Sterns ergeben.

(Lösung: Seite 113)

40 Das Unterbringen von Quadraten

Nehmen wir an, Sie haben eine bestimmte Anzahl einheitlich großer, kongruenter Quadrate, die Sie in einem größeren Quadrat unterbringen sollen.
Welche kleinste Größe kann das große Quadrat haben, damit n Einheitsquadrate hineinpassen, ohne sich zu überschneiden? Wenn man die Quadrate nicht kippen darf, ist die Aufgabe um einiges leichter, als wenn die Quadrate gekippt sind. Welche der potentiell unbegrenzten möglichen Anordnungen ist die effizienteste?
Ist n=1, 2, 3, 4, bringt das Kippen keinen Vorteil.
Ist n=5, kann man alle fünf Quadrate kippen, so daß sie ein X bilden. Aber effizienter ist die Unterbringung, wenn nur das mittlere Quadrat gekippt wird: Dann hat das größere Quadrat eine Seitenlänge von nur 2,707. Ohne die Möglichkeit des Kippens wäre die beste Möglichkeit eine Seitenlänge von 3.
Für n=6, 7, 8 und 9 ist wieder die Lösung ohne Kippen ebenso brauchbar wie jede andere.
Bei n=10 und 11 ist es mit Sicherheit nötig zu kippen; aber niemand weiß, ob die bisher gefundenen Lösungen die besten sind, oder ob es genialere Ideen gibt.
Für größere Werte von n ist praktisch überhaupt nichts bekannt.
Es gibt noch viele andere Probleme dieser Art, vor allem wenn die Elemente unregelmäßig untergebracht werden können. Ein wichtiges Beispiel ist das Unterbringen von Kreisen in einer Fläche.
Nehmen Sie eine größere Anzahl gleich großer Münzen und legen Sie einige so in eine Reihe, daß sie sich berühren. Legen Sie jetzt auf beiden Seiten der Reihe weitere Münzen so an, daß sie jeweils zwei Münzen der Anfangsreihe berühren, so daß sich versetzte Reihen bilden und jede Münze von sechs anderen umgeben ist. Man spricht hier vom **hexogonalen Gitter**. Es läßt sich ziemlich leicht nachweisen, daß dies die beste Art der gleichmäßigen Unterbringung von Kreisen ist. Weit schwieriger ist es nachzuweisen, daß es keine unregelmäßige Unterbringung gibt, die dichter wäre.
Kugeln in einem Raum unterzubringen, stellt uns vor noch größere Schwierigkeiten. Die dichteste regelmäßige Unterbringung ist bekannt. Aber ob es auf irgendeine unregelmäßige Art besser geht, wissen wir nicht. Die Annahme »nein« ist am wahrscheinlichsten.

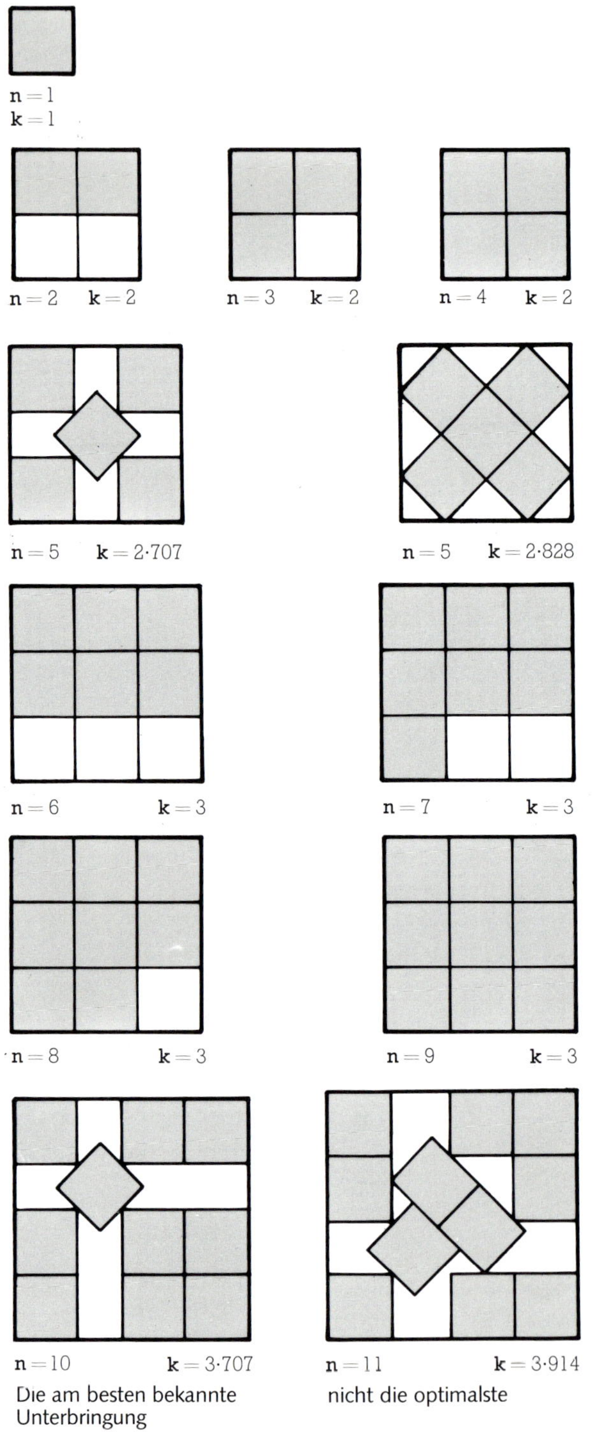

Das Unterbringen von einheitlichen Quadraten in einem Quadrat

Das Unterbringen von elf einheitlichen Quadraten in einem Quadrat

Übertragen Sie sehr sorgfältig elf einheitliche Quadrate und schneiden Sie sie aus.
Die elf Quadrate müssen in die quadratische Fläche passen.
Dabei sind zwei Regeln zu beachten:
1. Keines der elf Teile darf über die schwarze Begrenzungslinie ragen.
2. Die einzelnen Quadrate dürfen sich nicht überlagern.
Es sieht so aus, als wäre es unmöglich. Versuchen Sie es noch einmal.

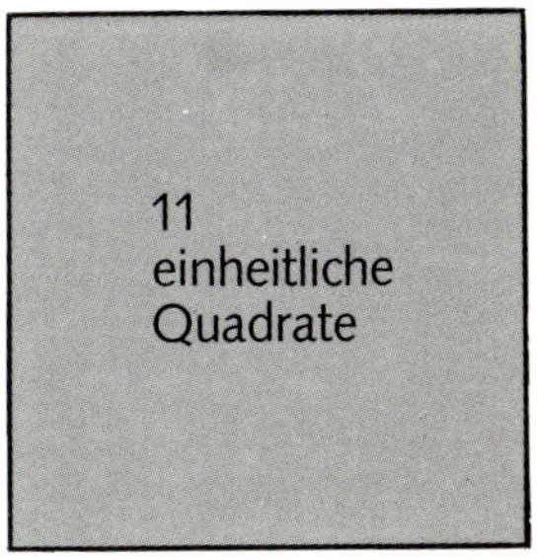

(Lösung: Seite 114)

Ein seltsames Zusammentreffen

Wir können auch versuchen, nicht kongruente Quadrate unterzubringen. Eine Möglichkeit wären Quadrate mit der Seitenlänge 1, 2, 3, 4 usw., bis zu irgendeiner Grenze. Kann ein großes Quadrat in ein solches System kleinerer Quadrate zerlegt werden?
Quadrate mit der Seitenlänge 1 und 2 können kein Quadrat bilden; sie passen bestenfalls in ein Quadrat mit der Seitenlänge 3, wobei allerdings ein freier Raum bleibt. Auch Quadrate mit den Seitenlängen 1, 2, 3 und 4 können ein Quadrat nicht restlos ausfüllen.
Sollen die Quadrate das große Quadrat völlig ausfüllen, dürfen sie nicht gekippt werden. Das äußerste Quadrat muß also eine ganzzahlige Seitenlänge haben. Die Gesamtfläche der kleinen Quadrate muß daher selbst eine Quadratzahl sein. Aber:
$1^2 + 2^2 = 5$
$1^2 + 2^2 + 3^2 = 14$
$1^2 + 2^2 + 3^2 + 4^2 = 30$
Keine dieser Flächen ist eine Quadratzahl. Wenn wir weiterrechnen, kommen wir zu folgender Lösung:
$1^2 + 2^2 + 3^2 \ldots + 24^2 = 4900 = 70^2$
Die Quadrate nacheinander zu addieren ist tatsächlich die einzige Möglichkeit, ein Quadrat für die Gesamtheit zu erhalten.
Das führt nun zu folgender geometrischer Variation: Ist es möglich, jeweils ein Quadrat mit der Seitenlänge 1, 2, 3 ... 24 in ein Quadrat mit der Seitenlänge 70 zu packen? Die Gleichheit der Flächen ist eine notwendige Bedingung – aber sie ist unter Umständen nicht hinreichend. Man erwartet als Antwort vielleicht ein ja – warum sonst dieses bemerkenswerte Zusammentreffen mit dem 70 x 70-Quadrat? Doch die Antwort lautet nein. Wir müssen die Aufgabe daher umformulieren: Wie viele Quadrate des Systems passen maximal in das 70 x 70-Quadrat? Die beste bisher bekannte Antwort ist, »alle bis auf eins«, und in allen bis heute bekannten Beispielen muß das 7 x 7-Quadrat weggelassen werden. Vierundzwanzig verschiedene Lösungen sind bekannt, wir wissen nicht, ob es nicht noch eine bessere gibt, bei der ein Quadrat mit einer kleineren Fläche als 7 x 7 = 49 wegfällt.
Versuchen Sie sich einmal an diesem schönen Problem. Schneiden Sie aus Karton vierundzwanzig Quadrate mit einer Kantenlänge von 1 bis 24 cm aus. Zeichnen Sie dann ein 70 x 70 cm großes Quadrat, das in 1 x 1 cm große Quadrate unterteilt ist. Versuchen sie nun, so viele Quadrate in dem aufgezeichneten Quadrat unterzubringen wie möglich, ohne daß sie sich überlappen.
Eine Variation: Gegeben ist ein Satz Quadrate, deren Kantenlänge um jeweils eine Einheit zunimmt. Welches ist, von der Gesamtfläche her, das kleinste Rechteck, in das die Quadrate passen? Besonders interessant ist das Beispiel mit elf Quadraten, weil sich eine eigenartige spiralförmige Anordnung ergibt, die beim zwölften Quadrat abbricht.
Das mühsame Abhaken aller möglichen Anordnungen würde viel zuviel Zeit in Anspruch nehmen, selbst mit einem Computer. Bei den meisten derartigen Problemen kann man durch Herumprobieren eine Lösung finden, falls eine solche existiert. Aber um alle Möglichkeiten auszuschließen, bedarf es schon einigen geschickten Taktierens.
Aus all diesen Problemen kann man Spiele für zwei Spieler machen. Die Spieler müssen abwechselnd Quadrate auf einer vorgegebenen Fläche unterbringen; wer als erster kein Quadrat mehr legen kann, hat verloren.
Hier noch zwei andere Fragen zu dem aus vierundzwanzig Quadraten bestehenden Satz.
1. Passen die Quadrate mit ungeradzahliger Kantenlänge in ein Quadrat der Größe 48 x 48?
2. Passen die Quadrate mit geradzahliger Kantenlänge in ein Quadrat der Größe 51 x 51?

Seite	Fläche	Summe
1	1	1
2	4	5
3	9	14
4	16	30
5	25	55
6	36	91
7	49	140
8	64	204
9	81	285
10	100	385
11	121	506
12	144	650
13	169	819
14	196	1015
15	225	1240
16	256	1496
17	289	1785
18	324	2109
19	361	2470
20	400	2870
21	441	3311
22	484	3795
23	529	4324
24	576	4900
Gesamtfläche:		4900

Summen der ersten vierundzwanzig Quadratzahlen

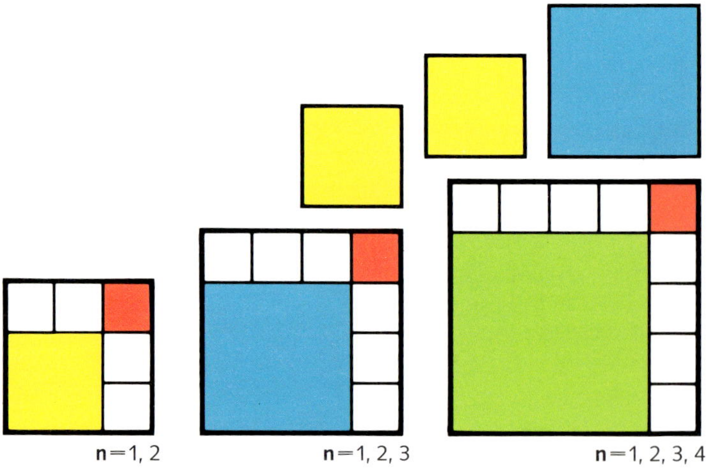

Das Unterbringen von Quadraten

Lösungen für die ersten zwei, drei und vier Quadrate.

Quadrate ohne Ende – elf Quadrate

Die ersten elf Quadrate in einem 30x25 großen Rechteck. Interessant, daß die ersten elf aufeinanderfolgenden Quadrate spiralförmig um ein Zentrum gruppiert werden können, wobei sie ein Rechteck mit den Maßen 30x25 bilden.
Wenn wir versuchen, das nächste Quadrat mit der Seitenlänge 12 unterzubringen, entstände in der Figur ein von Quadraten umgebenes Loch.

Quadrate ohne Ende – vierundzwanzig Quadrate

Eine der Minimallösungen, bei der das 7x7-Quadrat außerhalb des 70x70 großen Bretts bleibt.

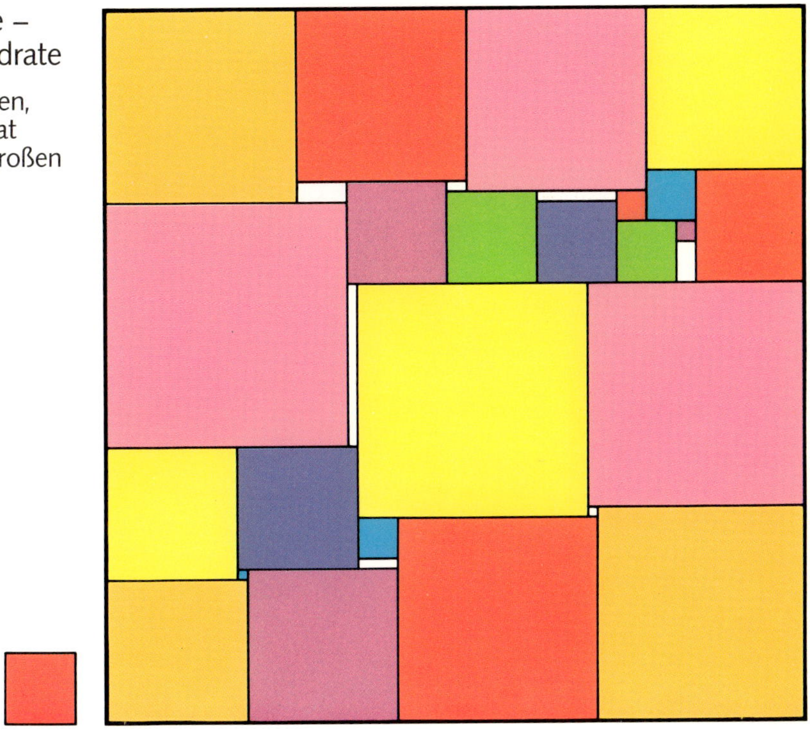

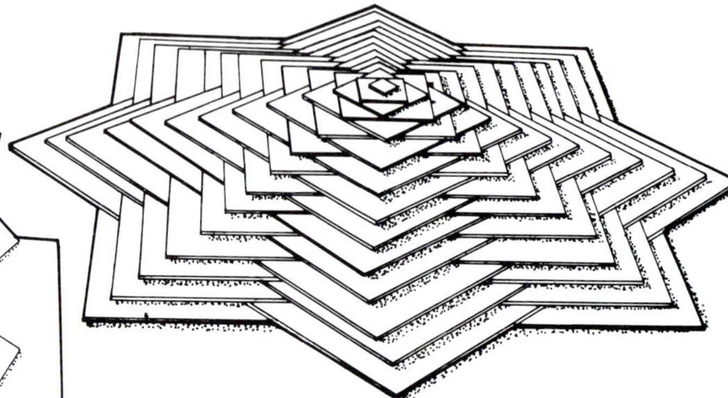

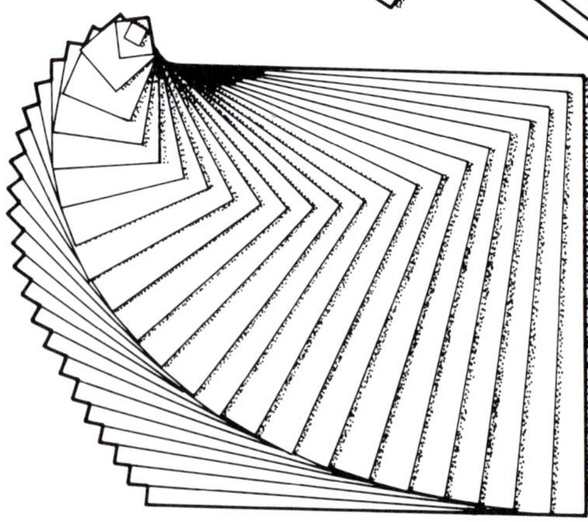

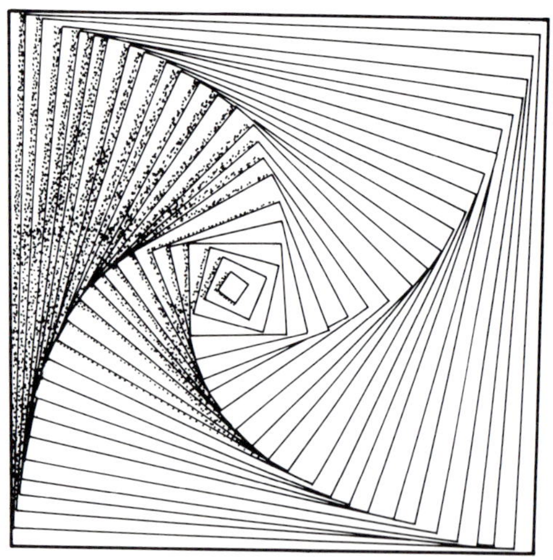

Quadrate ohne Ende

Dreidimensionale, frei gestaltete Betätigung.

Wir müssen selbstverständlich nicht verlangen, daß alle Quadrate eine unterschiedliche Kantenlänge haben. Wir können zulassen, daß mehrere Quadrate die gleiche Größe haben. Gegeben sei ein großes Quadrat der Größe n; welches ist die kleinste Zahl an Quadraten (mit ganzzahliger Kantenlänge), in die es zerlegt werden kann?
Ein Quadrat der Größe 3 x 3 beispielsweise kann in ein Quadrat der Größe 2 x 2 und fünf der Größe 1 x 1 unterteilt werden, also in insgesamt **sechs** Teile. Das nächstgrößere 4 x 4-Quadrat läßt sich in ein Quadrat von 3 x 3 und sieben Quadrate von 1 x 1 zerlegen, was insgesamt acht Teile ergibt – man kann es aber auch in vier Quadrate von 2 x 2 unterteilen, was sehr viel besser ist. Im allgemeinen ist die Lösung bei einem geradzahligen Wert von n einfach (können Sie herausfinden warum?); ist n eine ungerade Zahl, wird das Problem sehr viel komplizierter. Sie können es an den Quadraten rechts ausprobieren.

Unvollständige Quadrate

Unvollständige Quadrate sind Quadrate, die sich in kleinere Quadrate unterteilen lassen, von denen zwei oder mehr gleich sein können.
Abgebildet sind die ersten dreizehn unvollständigen Quadrate mit den Seitenlängen von 1 bis 13.
Unterteilen Sie sie in die kleinstmögliche Anzahl quadratischer Elemente.

(Lösung: Seite 114)

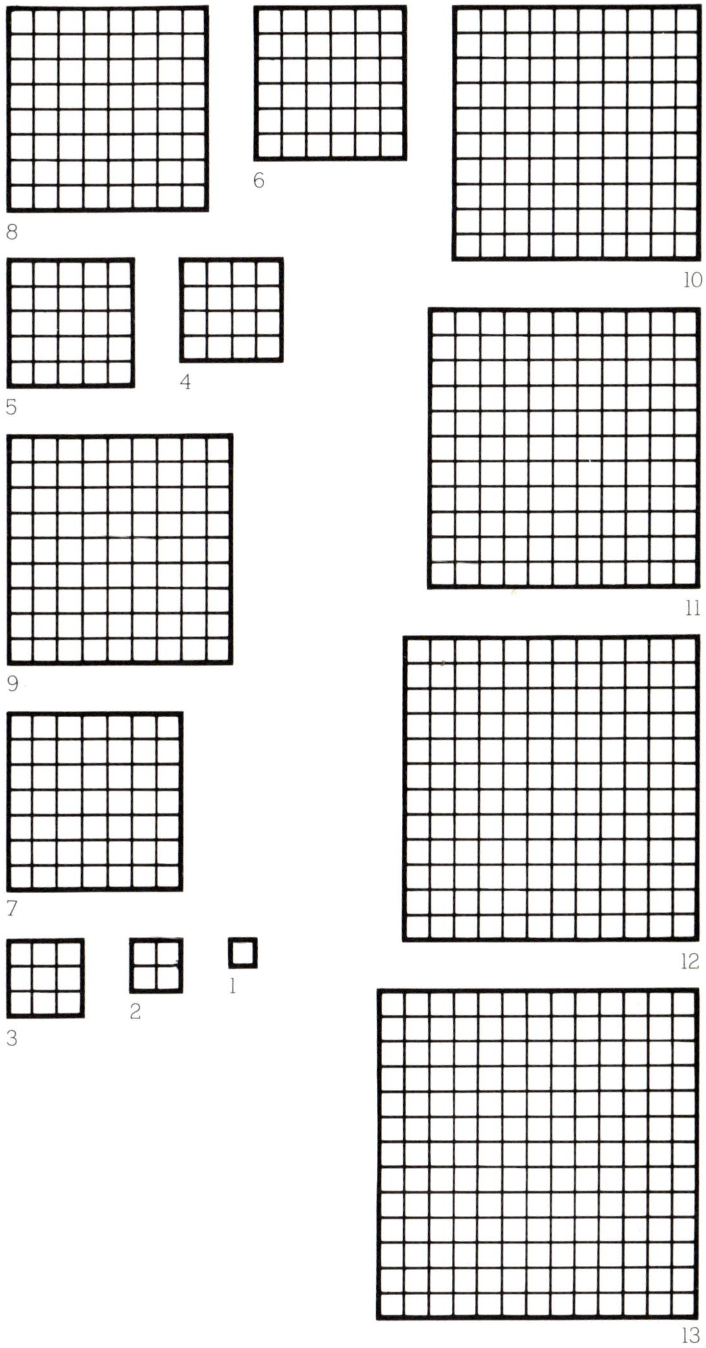

Vollständige Quadrate und das überzählige Quadrat

Auch wenn man das Quadrat von 70 x 70 nicht in vierundzwanzig Quadrate der Kantenlänge von 1 bis 24 zerlegen kann, die Zahl 24 taucht bei einem anderen Problem wieder auf, bei dem es um das Unterteilen von Quadraten geht.
Ein Rechteck oder Quadrat soll dann **vollständig** sein, wenn es in eine Reihe kleinerer Quadrate zerlegt werden kann, die alle eine unterschiedliche Kantenlänge haben. (Die Kantenlänge soll jeweils ganzzahlig sein.) Vollständige Rechtecke lassen sich verhältnismäßig einfach finden. Das Rechteck mit den Maßen 32 x 33 (also beinahe ein Quadrat) läßt sich exakt in Quadrate mit folgender Kantenlänge zerlegen:
1, 4, 7, 8, 9, 10, 14, 15, 18.
Wissen Sie, wie? Daraus folgt, daß es unmöglich ist, ein Rechteck in weniger als neun verschiedene Quadrate zu zerlegen.
Lange Zeit wußte man nicht, ob es überhaupt (in diesem Sinn) vollständige Quadrate geben könnte. Ein Mathematikerteam, das sich eine Analogie zur Theorie elektrischer Schaltungen zunutze machte, fand schließlich ein solches Quadrat. Die beste bekannte Lösung erfordert vierundzwanzig Quadrate (aber nicht mit aufeinanderfolgender Seitenlänge!) und ist hier abgebildet. Können Sie feststellen, wie die Seitenlängen sein müssen?
Zum Schluß unserer kleinen Abhandlung über Quadrate ein Paradoxon. Ein Quadrat kann in 17 Teile zerlegt werden. Man kann nun eins dieser Teile wegnehmen und die verbleibenden 16 Teile neu so anordnen, daß sie das ursprüngliche Quadrat wieder restlos ausfüllen.
Das hört sich doch gut an, oder nicht? Versuchen Sie es. Und dann erklären Sie es.

Das kleinste vollständige Quadrat

Ein Satz vierundzwanzig verschiedener Quadrate, die das kleinste vollständige Quadrat bilden.

Das kleinste vollständige Rechteck

Übertragen Sie die neun Quadrate, schneiden Sie sie aus und legen Sie mit ihnen das kleinste vollständige Rechteck.

(Lösung: Seite 115)

Mysterix

Übertragen Sie die Abbildung und schneiden Sie sie wie angegeben in siebzehn Teile. Offensichtlich ist es möglich, aus den siebzehn Teilen wieder das ursprüngliche Quadrat zu legen, auch wenn das ohne die Vorlage gar nicht so einfach ist.
Entfernen Sie nun eines der fünf kleinen Quadrate – und legen Sie die übrigen Teile so, daß sie die quadratische Fläche wieder ganz ausfüllen. Das geht ganz sicher nicht, denn die Fläche hat abgenommen. Aber wenn Sie sich ganz besonders anstrengen, werden Sie eine Lösung finden.

(Lösung: Seite 115)

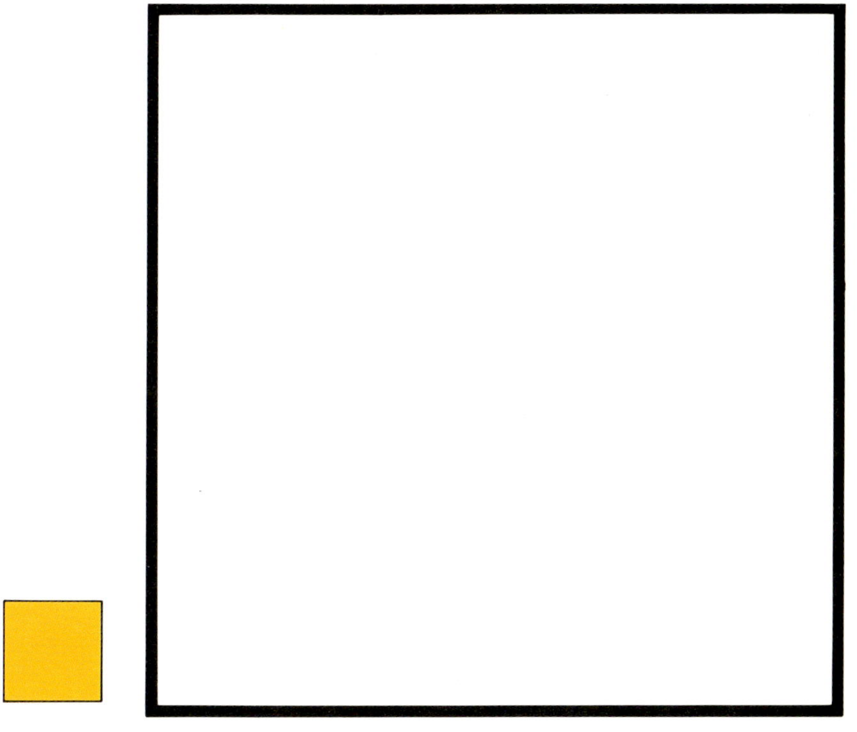

Zieht man eine Gerade durch den Mittelpunkt eines Quadrats, so entstehen zwei kongruente Teile. Auch andere Figuren können durch eine einzige Linie zweigeteilt werden. Nebenstehend einige Figuren, zu denen Sie die Halbierenden finden sollen. Die Linien können gekrümmt oder gerade sein; die einzige Bedingung ist, daß es jeweils eine **durchgehende** Linie ist. Unter Umständen ist es nötig, eine der beiden Hälften zu drehen, damit sie aufeinanderpassen.
Ein Quadrat läßt sich auch vierteln; man muß dazu zwei zueinander rechtwinklige Geraden durch seinen Mittelpunkt ziehen. Wenn es Ihnen gelungen ist, die Figuren zu halbieren, vesuchen Sie, sie zu vierteln. Die Karos sollen nur eine optische Hilfe sein. Es muß nicht so sein, daß die Linien, die Sie ziehen, dem eingezeichneten Gittermuster folgen. Manchmal können sie es selbstverständlich!

Teilungsprobleme

Hier sind fünf Figuren abgebildet, die mit einer einzigen Linie genau halbiert werden sollen. Die beiden dabei entstehenden Teile müssen in Form und Größe gleich sein, also **kongruent**. Das Karomuster wurde lediglich als optische Hilfe eingezeichnet. Es ist **nicht** nötig, sich an diese Linien zu halten. Man kann die Figuren halbieren, wo man will.

(Lösung: Seite 115)

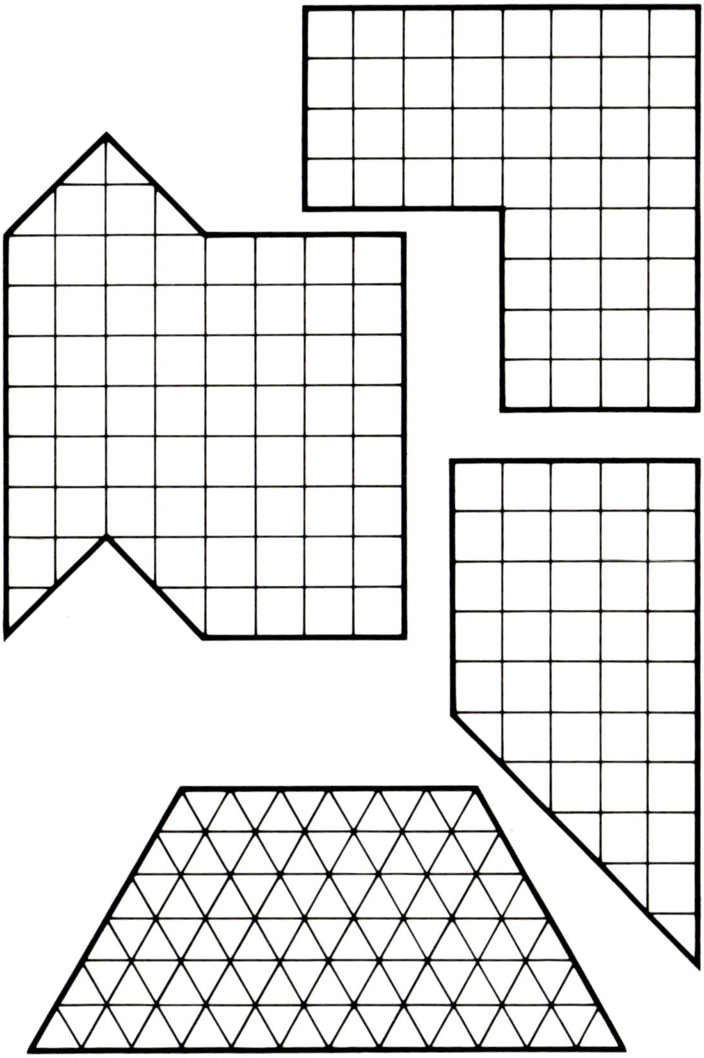

Probleme beim Vierteln

Vier Figuren, die in vier kongruente Teile zerlegt werden sollen.

(Lösung: Seite 115)

50 Polygo

Puzzles, so haben wir weiter oben gesagt, seien relativ uninteressante Zusammensetzspiele. Hier nun ein Puzzle, das etwas anders ist.
Polygo ist ein Puzzle für zwei oder mehr Spieler, das darauf beruht, komplexe Polygone zu bilden und zu erkennen – sie setzen sich aus einfachen Figuren zusammen, aus:

DREIECKEN FÜNFECKEN
QUADRATEN SECHSECKEN

Wenn man sie zusammenfügt, lassen sich fünfzig verschiedene Polygone bilden (wobei Drehungen noch gar nicht mitgezählt sind).
Das Spiel besteht aus 24 Spielquadraten. Auf jedem Quadrat erscheinen die vier Grundfiguren in verschiedenen Kombinationen und Farben. Kopieren Sie die einzelnen Quadrate, schneiden Sie sie aus und malen Sie sie farbig an.
Ziel des Spiels ist es, ein möglichst schwieriges Polygon aus einer Farbe zu bilden, indem man ein Spielquadrat an das andere legt. Jedes vollständige Polygon hat einen bestimmten Punktwert, der der Darstellung unten zu entnehmen ist.
Zunächst wählt jeder Spieler eine Farbe. Die Spieler müssen unterschiedliche Farben wählen.
Die Spielquadrate werden gemischt und mit der Abbildung nach unten auf den Tisch gelegt. Die Spieler ziehen abwechselnd ein Quadrat und legen es an ein bereits liegendes Quadrat an. Das Spiel ist beendet, wenn alle Quadrate gezogen und angelegt worden sind. Jeder Spieler zählt seine Polygone. (Ein Polygon entsteht durch das Zusammenlegen von vier Quadraten, wobei die vier sich berührenden Ecken die gleiche Farbe haben müssen.) Wer die meisten Punkte erzielt hat, hat gewonnen.
Denken Sie daran, daß die Punktzahl umso höher ist, je komplizierter das Polygon ist.
Sie können das Spiel auch allein spielen. Können Sie die 24 Quadrate in einem Rechteck aus 6 x 4 Quadraten so legen, daß alle Farben zusammenpassen, wenn zwei Quadrate nebeneinanderliegen?

Polygo-Punktetabelle

Die komplexen Polygone, die durch das Kombinieren von vier Grundformen entstehen, werden wie folgt bewertet:

Dreiecke	1 Punkt
Quadrate	2 Punkte
Fünfecke	3 Punkte
Sechsecke	4 Punkte

Das einfachste so entstandene Polygon bringt demnach vier Punkte, das komplizierteste sechzehn.

Polygo-Spielbeispiel

Vier Quadrate, die ein Polygon mit vierzehn Punkten bilden.

Polygo-Spielquadrate ▷

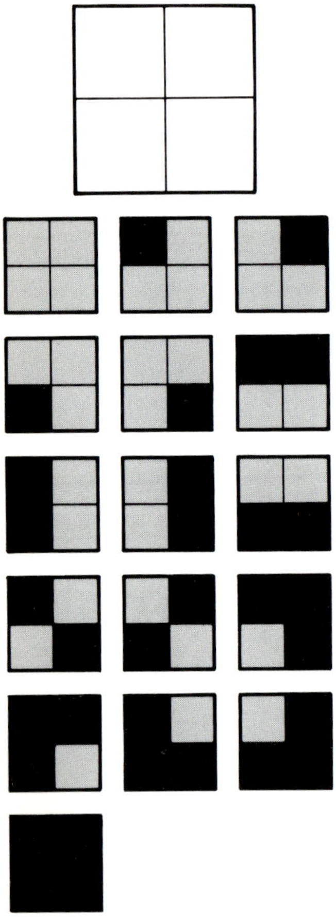

Das farbige Ausmalen quadratischer Matrizen

Nehmen wir ein Quadrat und malen wir es schwarz oder weiß an – es gibt zwei Möglichkeiten.
Nehmen wir zwei Quadrate – vier verschiedene Muster sind möglich.
Bei drei Quadraten kommen wir bei gleichem Vorgehen auf acht verschiedene Muster.
Wie viele verschiedene Muster kann man mit vier gleich großen Quadraten schaffen, die jeweils zu zwei mal zwei Quadraten angeordnet sind?

Computer stellen Informationen durch **Bits** dar, die Digits 0 und 1. Man kann sich ein Bit als den Zustand eines Schalters vorstellen: 0 bedeutet »Aus«, und 1 bedeutet »An«. Mit vier Schaltern hat man je zwei Möglichkeiten, also insgesamt 2 x 2 x 2 x 2 = 16 Arten der Stellung. Wenn wir die Schalter als vier quadratische Zellen darstellen, die aus jeweils 2 x 2 Quadraten bestehen, und die »Aus«-Stellung weiß und die »An«-Stellung schwarz anmalen, erhalten wir sechzehn Quadrate, mit denen wir spielen können.
Es gibt viele Möglichkeiten, die sechzehn Quadrate in einem 4 x 4-Quadrat anzuordnen. Aber geht es auch so, daß die Farben der nebeneinanderliegenden Quadrate überall zusammenpassen?
Probieren Sie es. Es gibt mehrere Lösungen; bisher sind ungefähr fünfzig bekannt.

Bits – Lösungen

Nebenstehend zwölf Lösungen des Bits Farbpuzzles. Wie viele verschiedene Lösungen gibt es insgesamt?
Denken Sie daran, daß Drehungen, Spiegelungen oder Lösungen, bei denen die Farben einfach ausgetauscht sind, nicht als neue Lösung zählen.

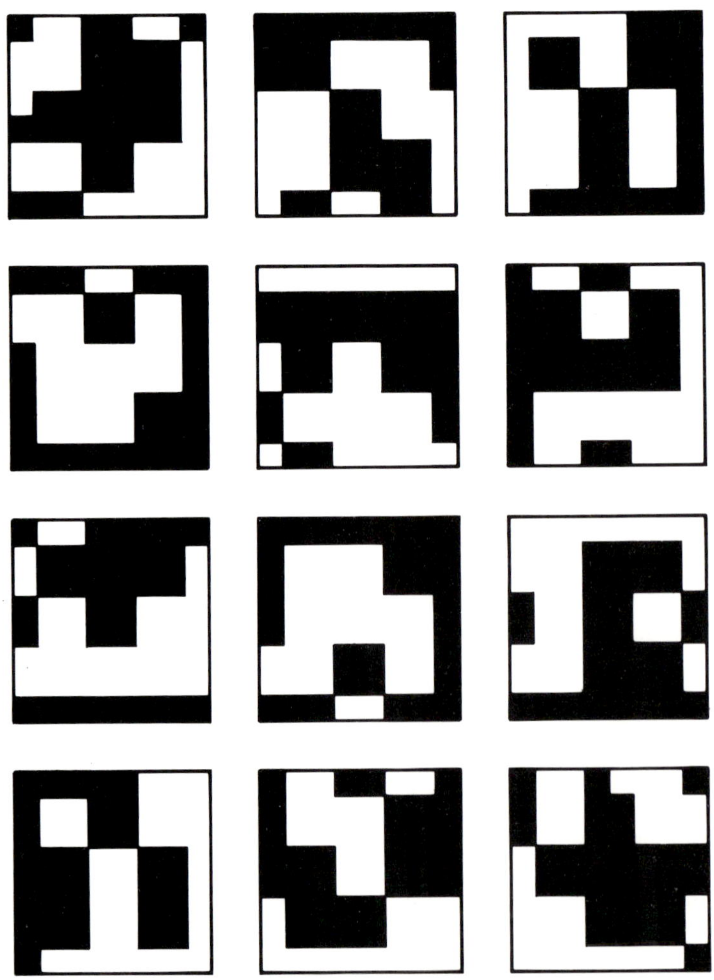

Zwei Spieler können gegeneinander antreten. Jeder bekommt einen kompletten Satz mit sechzehn Quadraten und kariertes Papier, damit er die gefundenen Lösungen festhalten kann. Festgestellt werden soll, wer in einer vorgegebenen Zeit die meisten Lösungen findet.
Die sechzehn Spielquadrate bilden insgesamt vierundsechzig gleiche Quadrate. Die eine Hälfte ist schwarz, die andere weiß. Wenn wir sie nebeneinanderlegen, damit die Farben zusammenpassen – wir wollen dies das **Dominoprinzip** nennen –, schaffen wir Übergangszonen zwischen zwei Farben, die das Gesamtquadrat in einzelne Farbfelder aufteilen.
Wenn wir für Lösungen ein Punktesystem verwenden, das sich an der Zahl der so geschaffenen Felder orientiert, können wir die Lösungen je nach der Schwierigkeit des Schlußmusters unterschiedlich hoch bewerten. (Felder, die sich nur an einem Punkt berühren, also über Kreuz, sollten anders bewertet werden.)
Zwei Spieler können mit nur einem Muster um die höchste Punktzahl gegeneinander spielen.

Bits als Brettspiel

Wenn wir ein quadratisches Brett mit 8x8 Feldern machen, die den Unterquadraten der Spielquadrate entsprechen, so daß also jedes Spielquadrat vier Felder auf dem Brett abdeckt, kann man ein lohnendes Spiel mit sehr einfachen Regeln für zwei Spieler spielen.
Die Spielquadrate werden gut gemischt und mit dem Bild nach unten auf den Tisch gelegt. Die Spieler ziehen abwechselnd ein Quadrat und legen es auf das Brett. Es muß genau vier Felder auf dem Brett abdecken. Berührt das Spielquadrat ein anderes Quadrat mit seiner ganzen oder halben Seitenlänge, müssen die Farben der sich berührenden Unterquadrate gleich sein. (Merken Sie sich, daß die Spielquadrate so gelegt werden können, daß sie sich jeweils nur mit einer Hälfte berühren, wenn sie um ein Spielfeld gegeneinander verschoben sind. Vgl. das abgebildete Musterspiel.) Wer als erster kein Spielquadrat mehr legen kann, hat verloren.
Das Spiel kann höchstens über sechzehn Züge gehen und endet dann mit einer Lösung des ursprünglichen Problems, mit dem dieses Kapitel eingeleitet wurde.

Bits – Spielbeispiel

Ein in neun Zügen beendetes Spiel.

Welches ist die kürzestmögliche Spielweise? Mit anderen Worten: Wenn ein Spieler allein spielt und unter den sechzehn aufgedeckten Spielquadraten auswählt, welches ist dann die kleinstmögliche Anzahl Spielquadrate, mit der man das Brett blockieren kann, so daß keine weiteren Spielquadrate mehr gelegt werden können?

Bits kreativ

Bilden Sie diese Darstellungen mit nur vier Grundarten zweifarbiger Spielquadrate nach. Übertragen Sie jedes Spielquadrat etwa dreißigmal und schneiden Sie die Quadrate aus. Versuchen Sie, eigene Kompositionen zu schaffen mit jeweils andersfarbigem Hintergrund.

56 Hexabits

Spielquadrate oder -steine müssen nicht quadratisch sein. Sie können auch sechseckig sein, was zum Beispiel den Bienen bekannt ist, die ihre Honigwaben aus Sechsecken zusammensetzen.
Der aus neunzehn Sechsecken bestehende Satz zeigt sämtliche Möglichkeiten, ein Sechseck in schwarz-weiße Flächen aufzuteilen (oder eine andere zweifarbige Kombination), indem man die Eckpunkte durch Geraden verbindet.
Kopieren Sie die neunzehn Sechsecke und schneiden Sie sie aus.
Ziel des Spiels ist es, alle Sechsecke zu einer Wabe zusammenzulegen, und zwar so, daß die sich berührenden Kanten die gleiche Farbe haben.

Hexabits –
Lösung des
Zusammensetzspiels

Entdecken Sie noch eine
andere Lösung?

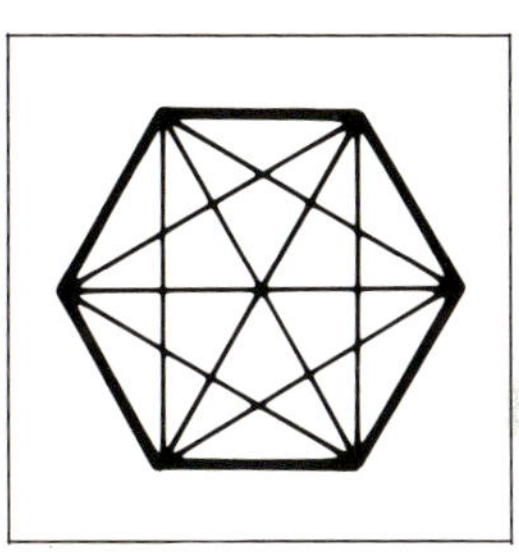

Hexabits

Darstellung des Teilungsschemas

58 Transclown

Vom Computer zum Clown, vom Abstrakten zum Lustigen. Wer würde glauben, daß ein einfaches Quadrat aus 4 x 4 Feldern eine solche Vielfalt birgt?
Transclown ist ein Spiel der tausend Gesichter, das faszinierende Möglichkeiten zum kreativen Spielen für alle Altersstufen bietet.
Nehmen Sie eine Matrix mit vier mal vier Feldern. Zeichnen Sie darauf nur mit Lineal und Zirkel das einfachste Gesicht, das Ihnen einfällt – das ist Transclown.
Übertragen Sie das Bild und die Matrix, malen Sie sie an und schneiden Sie sie, dem Gittermuster folgend, in sechzehn kleine Quadrate. Das Gittermuster wurde deshalb gewählt, damit sich viele lustige Variationen ergeben, wenn die einzelnen Quadrate neu zusammengesetzt werden. Läßt man die Quadrate in der gleichen Lage, also ohne sie zu drehen, gibt es
1 x 2 x 3 x 4 x 5 x 6 x 7 x 8 x 9 x 10 x 11 x 12 x 13 x 14 x 15 x 16
verschiedene Möglichkeiten, eine gewaltige Zahl, die die Mathematiker 16 Fakultät nennen und 16! schreiben. Das ist Abwechslung genug für ein ganzes Leben.
Natürlich sind die meisten dieser Möglichkeiten abstrakt und ergeben kein sinnvolles Bild, doch viele gleichen Gesichtern von Menschen, Vögeln, anderen Tieren, fremdartigen Wesen.
Wenn man zusätzlich zu den Transclown-Spielquadraten fünfzehn Karten anfertigt (vgl. gegenüberliegende Seite), können zwei oder mehr Spieler mitspielen und Muster legen.

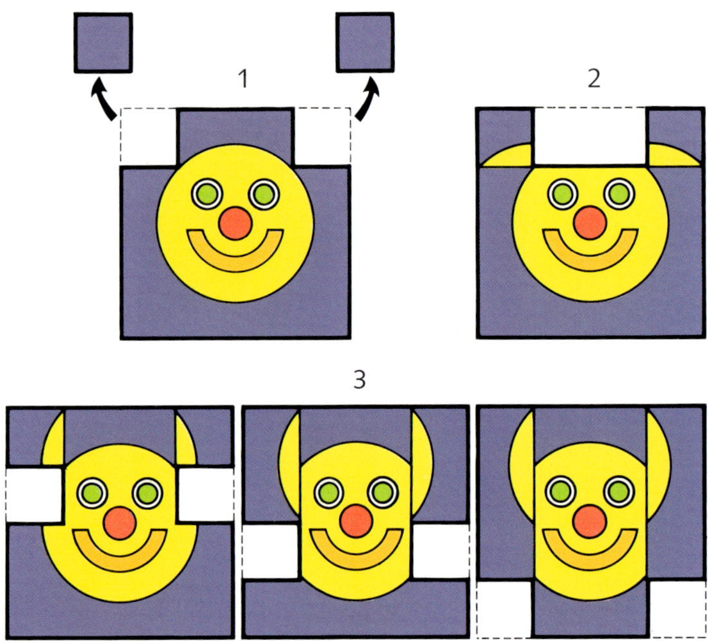

Transclown

Die sechzehn Spielquadrate in der ursprünglichen Anordnung. Übertragen Sie die Darstellung, malen Sie sie farbig aus und schneiden Sie die sechzehn Quadrate aus.

Spielzüge:
1. Die ursprüngliche Anordnung
2. Ein waagerechter Zug
3. Drei mögliche senkrechte Züge.

Legen Sie die sechzehn Spielquadrate in der ursprünglichen »Gesichts«-Stellung auf den Tisch und entfernen Sie die beiden oberen Eckstücke.
Mischen Sie die Karten und legen Sie sie mit dem Bild nach unten zu einem Stapel in die Mitte. Die Spieler ziehen der Reihe nach drei Karten vom Stapel. Sie müssen versuchen, möglichst viele der Gesichter auf ihren Karten zu bilden, indem sie höchstens sechs Züge mit den Spielquadraten machen.
Ein **Zug** wird dadurch ausgeführt, daß man zwei Spielquadrate auf ein jeweils leeres Feld rückt, waagerecht oder senkrecht. Die Züge müssen allerdings symmetrisch zur Mittellinie des Gesichts sein, damit das Bild symmetrisch bleibt. Bei einem **senkrechten** Zug muß das Spielquadrat nicht auf ein leeres Feld gezogen werden, sondern kann statt dessen die Quadrate, die im Weg sind, auf das freie Feld schieben.
Gelingt es einem Spieler, eines der Gesichter auf seinen Karten zu bilden, kann er diese Karten behalten. Die übrigen werden mit dem Bild nach unten unter den Kartenstapel in der Mitte gelegt.
Das Spiel ist zu Ende, wenn alle Karten einbehalten worden sind. Wer die meisten Karten gesammelt hat, hat gewonnen. Man kann sich viele ähnliche Spiele ausdenken, anfertigen und spielen.

Transclown

Ein Satz mit sechzehn Spielkarten.
Übertragen Sie alle Karten, malen Sie sie farbig an und schneiden Sie sie aus. Sie können das Spiel um Karten mit eigenen Kompositionen erweitern.

Das normale Domino hat rechteckige Steine (Seitenlänge 2 x 1) mit einer Zahl an beiden Enden. Die Standardregeln des Dominospiels – die Zahlen zweier aneinanderliegender Steine müssen gleich sein – sind das beste bekannte Beispiel für ein Spiel, das sich des Dominoprinzips bedient, wie wir es genannt haben. Die Regeln des Dominospiels sehen vor, daß die Steine zu langen Reihen gelegt werden, nicht dicht zusammengepackt; außerdem werden die »Doppelsteine« – die Steine, die an beiden Enden die gleiche Zahl aufweisen – quer zur Reihe gelegt; aber diese Besonderheiten sind hier nicht weiter von Bedeutung.
Alexander MacMahon (1854 – 1929) hat einige allgemeine Dominospiele entworfen, deren Steine polygonal sind und eine Fläche bedecken. Sie haben keine Zahlen, sondern sind farbig. Die Kennzeichnung der Steine ist keineswegs willkürlich; das gleiche Grundmuster auf jedem Stein wird auf alle möglichen Arten farbig angemalt, so daß kein Stein dem anderen gleicht. (Die Spiegelung eines Steins gilt als neues Bild, Drehungen dagegen werden als gleich betrachtet. Das ist eine verständliche Annahme, da die Steine im allgemeinen nur auf einer Seite angemalt sind und nicht umgedreht werden können – man kann sie lediglich problemlos auf dem Feld drehen.)
Das Ziel des Spiels besteht darin, sämtliche Steine nach dem Dominoprinzip anzulegen und dabei einige schöne und symmetrische Muster zu bilden.
Einige der erfundenen Spiele rechnen bereits zur Gruppe der allgemeinen Dominospiele.
Es gibt genau vierundzwanzig Möglichkeiten, die Kanten eines Quadrats mit drei Farben anzumalen. Das läßt sich am besten darstellen, wenn man das Quadrat durch die beiden Diagonalen unterteilt und die vier so erhaltenen Flächen farbig ausmalt. Jede Fläche entspricht genau einer Kante.

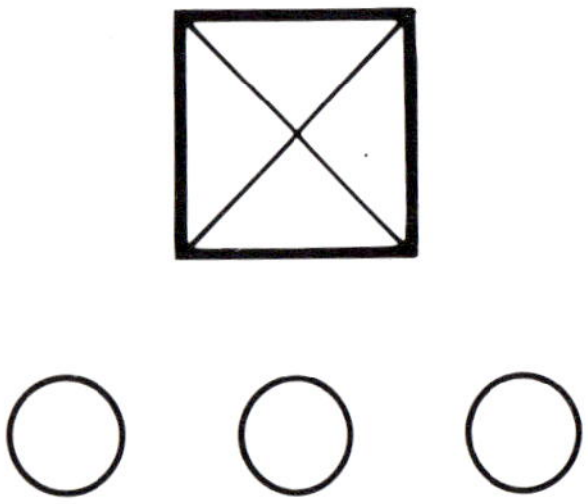

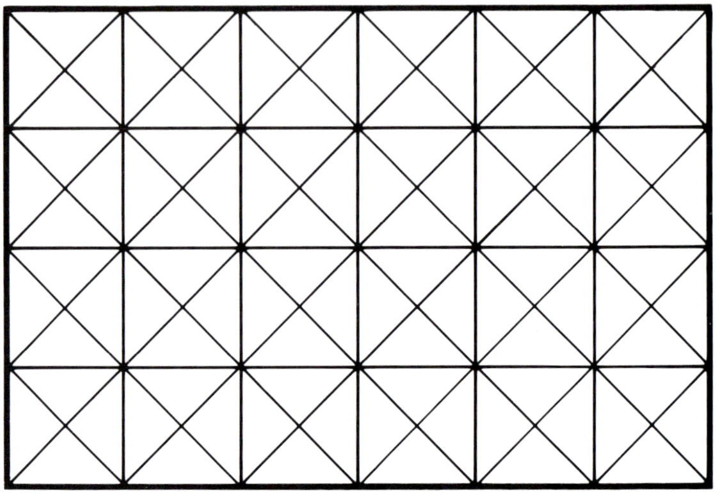

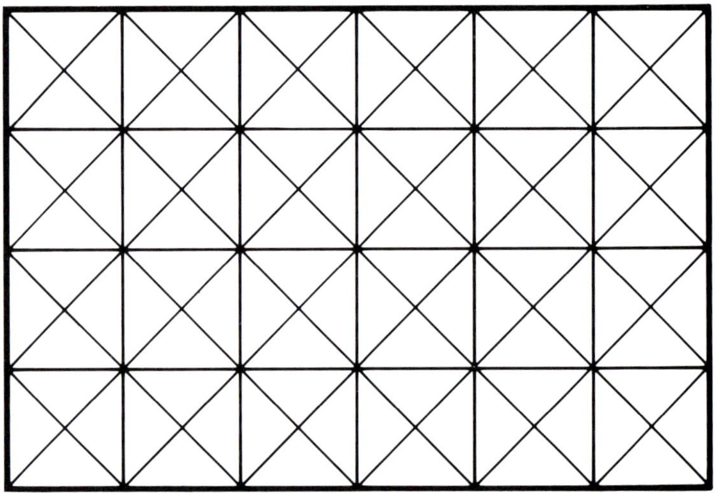

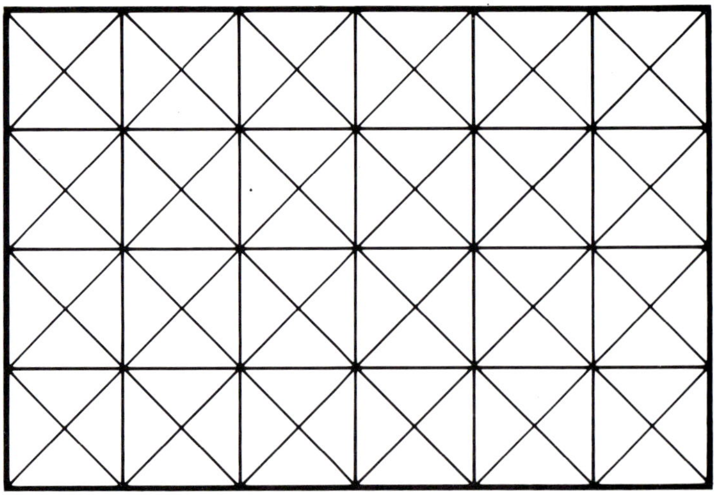

Am symmetrischsten lassen sie sich in einem Rechteck mit den Seitenlängen 4x6 anordnen. Damit die Sache etwas schwieriger ist, soll die äußere Begrenzung nur eine Farbe haben. Ein vollständiger Satz aus vierundzwanzig dreieckigen Steinen kann zu einem Sechseck zusammengesetzt werden. Auch hier soll wieder die äußere Umrandung nur eine Farbe haben.
Sind Sie in der Lage, noch andere gefällige Anordnungen zu finden?
MacMahons mathematische Arbeit kreiste um die Theorie der symmetrischen Funktionen, algebraische Ausdrücke, die unverändert bleiben, wenn die Buchstaben in ihnen vertauscht werden. So sind zum Beispiel $a + b + c$ und $ab + bc + ca$ symmetrische Funktionen von a, b und c. Falls die Farben eines vollständigen Satzes MacMahonscher Dominosteine vertauscht werden, haben wir am Ende wieder die gleichen Steine wie vorher. Die wunderbaren kombinatorischen Eigenschaften dieser Dominospiele haben in dieser Austauschsymmetrie ihren Ursprung.

Farbige Quadrate und Dreiecke von MacMahon

Unterteilte Quadrate und Dreiecke werden mit drei verschiedenen Farben ausgemalt, wodurch man jeweils einen Satz von vierundzwanzig Quadraten und vierundzwanzig Dreiecken erhält.
Die Aufgabe besteht darin, die Quadrate zu einem Rechteck mit dem Seitenverhältnis 4:6, und die Dreiecke zu einem Sechseck zusammenzulegen, wobei zwei Bedingungen zu beachten sind:
1. Sich berührende Flächen müssen die gleiche Farbe haben,
2. Der Rand des Rechtecks und des Sechsecks soll durchgehend nur eine Farbe haben.
Es gibt 12 251 mögliche Lösungen.

(Lösung: Seite 116, 117)

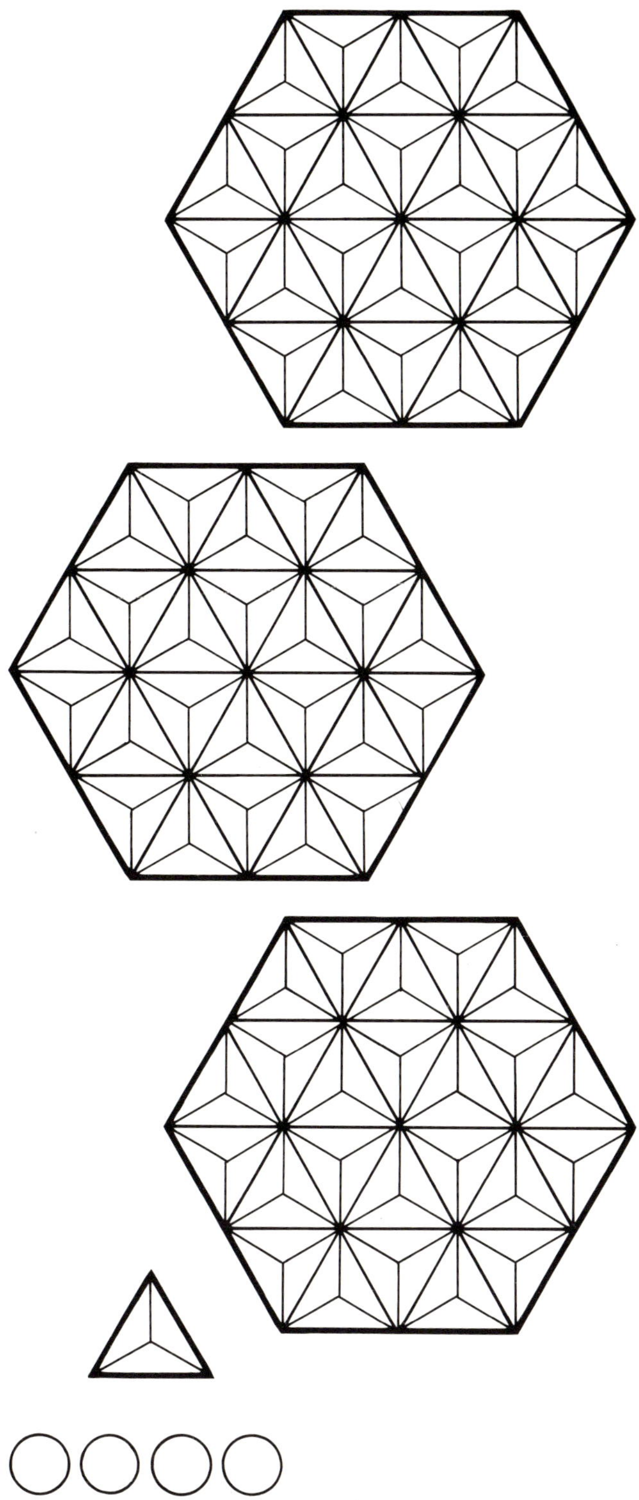

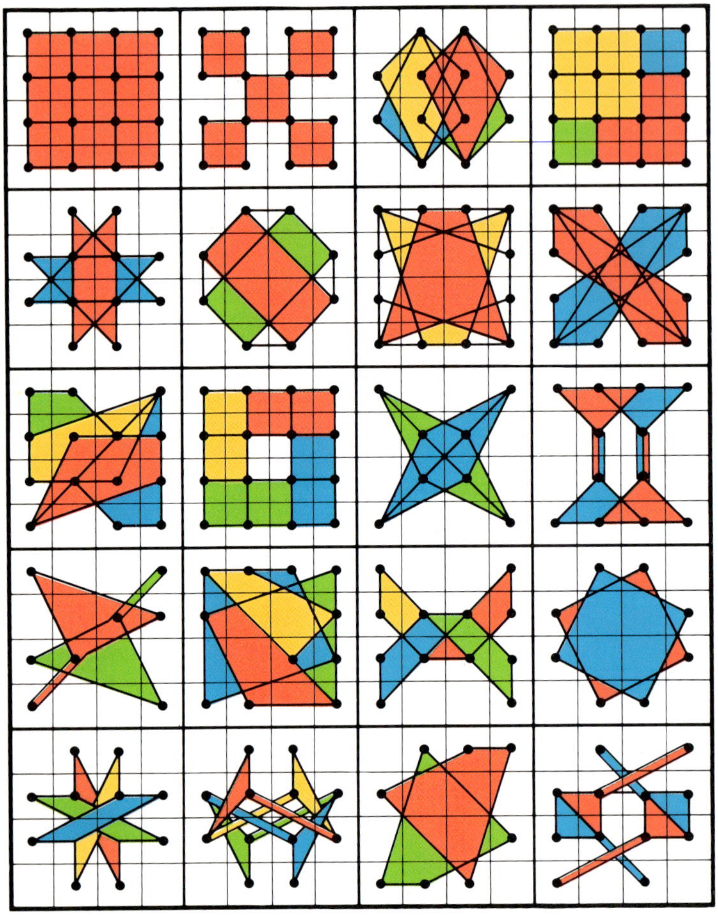

Einige der frühesten Spuren von Zahlenbetrachtungen finden sich in abergläubischen Vorstellungen über Zahlen.
Das Niederschreiben von Zahlen in Mustern kommt aus dem alten China, wo Zahlen **figuriert** waren und durch Linien, Kreise oder Punkte dargestellt wurden.
Magische Quadrate sind eines der ältesten und beliebtesten Geduldspiele, die es gibt. Das erste magische Quadrat stammt aus dem Jahr 2200 v. Chr. Es heißt **Lo-Shu** und erschien erstmals im chinesischen »Buch der Permutationen«.
Ein magisches Quadrat besteht aus natürlichen, positiven, ganzen Zahlen in einer mit 1 beginnenden Reihenfolge, die in einem Quadrat angeordnet sind und folgende **magische** Eigenschaften haben:
Wenn man die Zahlen jeder Reihe oder jeder Spalte oder sogar beider Diagonalen addiert, erhält man stets das gleiche Ergebnis.
Die **Basis** des magischen Quadrats ist die Anzahl der Unterquadrate einer Seite.
Ein magisches Quadrat mit der Basis 2 gibt es nicht, und mit der Basis 3 existiert nur eins (das magische Quadrat Lo-Shu).

Das teuflische magische Quadrat

Albrecht Dürers Kupferstich **Die Melancholie** enthält ein 16-feldriges magisches Quadrat, in dem sich das Entstehungsdatum des Werks verbirgt.
In Dürers »teuflischem« magischen Quadrat sind viele Zahlenreihen, aus denen sich die magische Konstante 34 ergibt, wie beispielsweise das linke obere Quadrat mit 2 x 2 Feldern – 16, 3, 5, 10 –, oder das mittlere Quadrat 10, 11, 6, 7. Diese Kompositionen beruhen auf solchen Zahlenreihen: Die Muster sind so angelegt, daß die geometrischen Regelmäßigkeiten der beteiligten Zahlenreihen zum Vorschein kommen.

16	3	2	13
5	10	11	8
9	6	7	12
4	15	14	1

4	9	2
3	5	7
8	1	6

Das magische Quadrat Lo-Shu

Magische Quadrate mit 4 x 4 oder mehr Feldern wachsen, was Zahl und Komplexität betrifft, sehr schnell. Es gibt exakt 880 verschiedene Typen magischer Quadrate mit 4 x 4 Feldern, von denen viele sehr viel »magischer« sind, als von einem magischen Quadrat verlangt wird. Leonhard Euler hat ein ganz neuartiges magisches Quadrat entworfen, das lateinische Quadrat. Es ist ein Quadrat, in dem n Symbole so gelegt werden, daß jede Reihe oder Spalte jedes Symbol genau einmal enthält.

Lateinisches Quadrat mit 5 x 5 Feldern

Übertragen und schneiden Sie fünfundzwanzig Spielquadrate in fünf Farben (fünf Sätze mit jeweils fünf Spielquadraten). Machen Sie zuerst ein lateinisches Quadrat mit 5 x 5 Feldern und dann ein magisches Quadrat mit 5 x 5 Feldern.
Spielen zwei Personen, legen die Spieler abwechselnd die Spielquadrate so auf das Spielfeld, daß keine Farbe in irgendeiner Richtung zweimal oder öfter vorkommt, weder horizontal, noch vertikal, noch diagonal. Gewonnen hat, wer als letzter ein Spielquadrat hat legen können. Ein einmal gelegtes Spielquadrat darf nicht mehr bewegt werden. (Lösung: Seite 116)

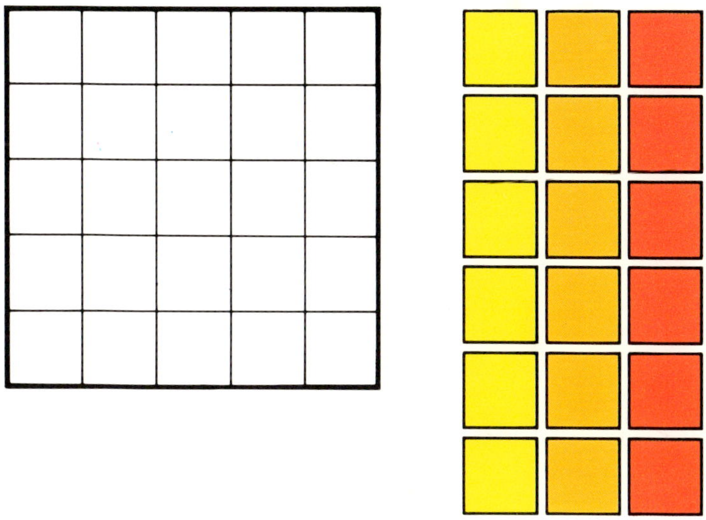

Lateinisches Quadrat mit 6 x 6 Feldern

Übertragen und schneiden Sie sechsunddreißig Quadrate in sechs Farben (sechs Sätze mit jeweils sechs Spielquadraten). Machen Sie zuerst ein lateinisches Quadrat mit 6 x 6 Feldern. Ist das möglich? Wenn nicht, wie viele Spielquadrate können Sie maximal auf das Spielfeld legen? Schaffen Sie es mit zweiunddreißig Quadraten? Bei zwei Personen gelten die gleichen Regeln wie oben.

(Lösung: Seite 116)

Die lateinischen Quadrate haben ihren Namen daher, daß die Auswahl der Symbole sich normalerweise auf die Buchstaben a, b, c, d... bezieht, also das lateinische Alphabet. Nehmen wir an, es kommt ein zweiter Satz mit Symbolen hinzu, die Buchstaben Alpha, Beta, Gamma, Delta... des griechischen Alphabets. Legen Sie in jedes Feld eines nxn großen Quadrats je ein Symbol einer Art. Es läßt sich leicht so einrichten, daß die lateinischen Symbole für sich genommen ein lateinisches Quadrat bilden und auch die griechischen Buchstaben für sich ein zweites lateinisches Quadrat. (Deutlich werden uns hier die Gefahren einer schlechtgewählten Terminologie vor Augen geführt.) Dazu brauchen Sie nur zwei lateinische Quadrate übereinanderzulegen, wobei das zweite ins Griechische zu übertragen ist. Damit ein anregendes Wechselspiel zwischen den beiden Quadraten zustande kommt, machen wir die Auflage, daß in dem kombinierten Quadrat jedes Symbolpaar nur einmal vorkommen darf. $\alpha\beta$ soll zum Beispiel nur ein einziges Mal vorkommen usw. Nun ist ein willkürliches Übereinanderlegen lateinischer Quadrate wahrscheinlich keine Lösung; Wiederholungen und Auslassungen sind häufig. Eine Lösung, falls sie existiert, heißt griechisch-lateinisches Quadrat. Die beiden lateinischen Quadrate, aus denen es besteht, sind **orthogonal**, wie man sagt.

Es ist ohne weiteres einsehbar, daß es kein griechisch-lateinisches Quadrat mit der Basis 2 geben kann. Viele andere Basen können aufgrund theoretischer Überlegungen ausgeschlossen werden. Noch bis in jüngste Zeit war der Fall mit der Basis 10 ein ungelöstes Problem. 1959 programmierte man einen Computer, nach griechisch-lateinischen Quadraten mit der Basis 10 zu suchen. Er rechnete einhundert Stunden, fand aber keine Lösung. Das kam vielleicht gar nicht so überraschend, denn ein komplettes Durchrechnen hätte ein ganzes Jahrhundert gedauert.

Dennoch schien das Nicht-fündig-Werden des Computers die allgemeine Ansicht zu bestätigen, ein solches Quadrat könne es nicht geben. 1960 aber wurde ein neues Verfahren erfunden, das griechisch-lateinische Quadrate mit der Basis 10, 14, 18 usw. hervorbrachte.

Diesmal war bloße Verstandeskraft dem Computer überlegen gewesen.

00	47	18	76	29	93	85	34	61	52
86	11	57	28	70	39	94	45	02	63
95	80	22	67	38	71	49	56	13	04
59	96	81	33	07	48	72	60	24	15
73	69	90	82	44	17	58	01	35	26
68	74	09	91	83	55	27	12	46	30
37	08	75	19	92	84	66	23	50	41
14	25	36	40	51	62	03	77	88	99
21	32	43	54	65	06	10	89	97	78
42	53	64	05	16	20	31	98	79	87

Griechisch-lateinisches magisches Quadrat mit 10 x 10 Feldern

Griechisch-lateinische Quadrate dienen nicht lediglich der Zerstreuung; sie haben auch einen praktischen Nutzen. Nehmen wir an, ein Landwirtschaftswissenschaftler möchte die Wirkung von Fungiziden auf Weizenpflanzen untersuchen. Er muß sieben verschiedene Fungizide testen. Vielleicht unterteilt er das Feld in sieben nebeneinander liegende, nordsüdlich verlaufende Streifen, auf denen er jeweils ein Mittel einsetzt. Aber vielleicht sind die Bedingungen, die die Entwicklung von Pilzen fördern, auf dem Feld uneinheitlich – im Norden anders als im Süden. Das Experiment erbrächte demnach kein schlüssiges Ergebnis. Aber für Streifen, die von West nach Ost liefen, gälte das gleiche.

Unterteilt der Wissenschaftler aber das Feld schachbrettartig in 7 x 7 Parzellen, und behandelt er sie nach den Regeln eines lateinischen Quadrats mit den entsprechenden Chemikalien, sind diese ungleichen Voraussetzungen im wesentlichen ohne Auswirkung.

Unterstellen wir, der Wissenschaftler müsse nicht eine Weizensorte testen, sondern sieben. Dann wäre ein griechisch-lateinisches Quadrat angebracht. Eulers Neuschöpfung erfreut sich heute verbreiteter Anwendung, wenn es darum geht, Experimente in der Biologie, Soziologie, Medizin und sogar im Marketing zu entwerfen. Das »Feld« braucht natürlich kein Stück Land zu sein. Es kann eine Kuh sein, ein Patient, ein Blatt, ein Käfig mit Tieren, eine Stadt oder eine Zeitspanne. Ein griechisch-lateinisches Quadrat ist eigentlich nur ein Schaubild experimenteller Ergebnisse. Seine Reihen nehmen sich einer Variablen an, seine Spalten einer zweiten, seine lateinischen Symbole einer dritten, seine griechischen Symbole einer Vierten.

Die Kraft einer Abstraktion liegt in ihren praktischen Anwendungsmöglichkeiten.

Griechisch-lateinisches magisches Quadrat
mit 10 x 10 Feldern

Farbanordnung, die auf dem magischen Quadrat beruht und lange als unmöglich galt.

Permutationen

Wenn n verschiedene Elemente gegeben sind (Symbole, Farben, Menschen, Gegenstände), auf wie viele verschiedene Arten können sie der Reihe nach angeordnet werden?
Ein Gegenstand, a, kann nur auf eine Art angeordnet werden.
Zwei Gegenstände, a und b, können wie folgt angeordnet werden: ab oder ba, also auf zwei Arten.
Drei Gegenstände lassen sich folgendermaßen anordnen: abc, acb, bac, bca, cab, cba – also auf sechs Arten.
Wenn n Gegenstände gegeben sind, entscheiden wir uns vielleicht für eine Anordnung des ersten auf n Arten. Die übrigen können auf jede uns genehme Art angeordnet werden. Es gibt also n mal so viele Anordnungen von n Gegenständen wie von n^{-1}.
Es gibt zum Beispiel 4 x 6 = 24 Arten, 4 Gegenstände anzuordnen, 5 x 24 = 120 Arten, 5 Gegenstände anzuordnen, 6 x 120 = 720 Arten, 6 Gegenstände anzuordnen, usw.
Das Ergebnis heißt generell n Fakultät und wird n! geschrieben. Es kann durch folgende Formel berechnet werden:

$$n! = n \times (n^{-1}) \times (n^{-2}) \times \ldots \times 3 \times 2 \times 1$$

Diese Zahl wird sehr schnell sehr groß.
Die Faktorenfunktion ist der Schlüssel zu vielen Problemen der Anzahl von Arten, Elemente zu kombinieren.
Die Struktur der Permutationen hat starken Einfluß auf das mathematische Denken. Es gibt beispielsweise Standardformeln für die Lösung von Gleichungen ersten, zweiten, dritten und vierten Grades. Für die Gleichung fünften Grades war eine solche Formel vierhundert Jahre lang unbekannt. Schließlich wiesen Niels Abel und Evariste Galois nach, daß eine solche Formel nicht bestehen konnte. Und der eigentliche Grund? Eine Besonderheit der Permutationen von vier oder weniger Symbolen (die Wurzeln der Gleichung), die sich nicht auf fünf Symbole ausweiten ließ.

Permutino

Übertragen Sie die vierundzwanzig Streifen und schneiden Sie sie aus. Können Sie eine durchgehende Linie mit einander entsprechenden Farben bilden.

Stellen wir uns einen Papierstreifen vor, der in vier Rechtecke unterteilt ist. Es gibt 4! = 24 Arten, ihn mit vier Farben anzumalen, wenn man jede Farbe nur jeweils einmal benutzt.
Welches ist die längste Kette, die Sie legen können, so daß nebeneinanderliegende Farben gleich sind?
Können Sie die Streifen in einer Reihe so auslegen, daß jeder zwei Felder des vor ihm liegenden Streifens überlappt und die Farben der sich überlappenden Felder gleich sind? Können Sie es gleicherweise so einrichten, daß Ende und Anfang auf die gleiche Art übereinstimmen, die Schlange sich also in den Schwanz beißt?
Wie ist es, wenn sich drei Felder überlappen?
Wenn zwei Streifen gleich zählen, falls einer gedreht werden kann, um dem anderen angepaßt zu werden, wie viele verschiedene Streifen gibt es dann?
Schneiden Sie einen kompletten Satz von vierundzwanzig Streifen aus, auf denen hintereinander je vier Quadrate Platz haben. Mit ihnen läßt sich ein unterhaltsames Familienspiel spielen, das ebenfalls auf dem Dominoprinzip beruht.
Jeder Spieler wählt eine Farbe.
Alle Streifen werden an die Spieler ausgegeben. Die Spieler legen abwechselnd einen Streifen an die bereits auf dem Tisch liegenden Streifen an, und zwar so, daß alle sich berührenden Kanten die gleiche Farbe aufweisen. Kann ein Spieler keinen Streifen anlegen, muß er eine Runde aussetzen. Wenn alle Streifen gelegt sind oder kein Spieler mehr weiterspielen kann, zählen die Spieler ihre Punkte zusammen.
Jedes Quadrat, das zu zusammenliegenden Flächen aus Quadraten seiner Farbe gehört, die aus **vier oder mehr** Quadraten bestehen, zählt als ein Punkt. Im hier abgebildeten Musterspiel hat Blau zum Beispiel sieben Punkte, weil er eine Fläche aus sieben zusammenliegenden Quadraten hat (von denen jedes einen Punkt zählt). Haben beide Spieler die gleiche Punktzahl, gewinnt derjenige, der die größte zusammenhängende Fläche gelegt hat.
In unserem Musterspiel hat Blau gewonnen.

Farbe	Punktezahl					Punkte
	8	7	6	5	4	
						4
						7
						4
						4

Permutino – Spielbeispiel

Spielbeispiel mit Punktetabelle

68 Quadrate verwandeln

Unterteilen Sie ein Quadrat mittels der Diagonalen in vier Felder. Es gibt vierundzwanzig Möglichkeiten, ein solches Quadrat farbig anzumalen, wenn man vier Farben, und jede davon nur einmal, benutzt, vorausgesetzt, Drehungen werden anders bewertet. Übertragen Sie die Quadrate und schneiden Sie sie aus. Wenn Drehungen erlaubt sind, wie viele verschiedene Quadrate bleiben dann? Die vierundzwanzig ursprünglichen Quadrate unterteilen sich in sechs Gruppen, die jede die vier Drehungen der Quadrate vorsieht.

Wenn Sie **Quadrate verwandeln** spielen möchten, fertigen Sie sich ein Brett an, das aus 5 x 5 Quadraten der gleichen Größe wie der Quadrate oben besteht. Malen Sie die Kanten der Quadrate mit jeweils einer der vier Farben an — das mittlere Quadrat der Spielfläche wird schwarz gefärbt, um auf diese Weise ein Loch zu schaffen.

Können Sie alle vierundzwanzig Spielquadrate nach dem Dominoprinzip auf dem Brett auslegen, so daß sich die Farben auch am Rand des Brettes entsprechen?

Bei mehr als einem Spieler: Legen Sie die Spielquadrate mit der farbigen Seite nach unten und mischen Sie sie. Die Spieler nehmen ein Quadrat und legen es so auf das Brett, daß es bereits ausgelegte Quadrate berührt und die Farben der sich berührenden Flächen gleich sind. Wer als erster kein Quadrat mehr anlegen kann, hat verloren.

Ein Rätsel: Welches ist die kleinstmögliche Anzahl Spielquadrate, mit der man das Brett blockieren kann, so daß mit keinem der noch übrigen Quadrate mehr weitergespielt werden kann?

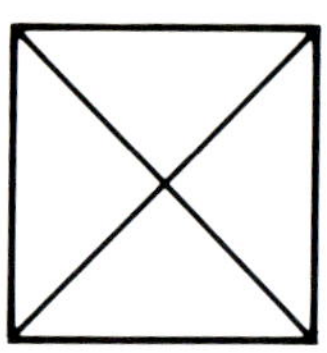

Quadrate verwandeln

Der Satz mit den vierundzwanzig zyklischen Permutationen.

Spielfeld für Quadrate verwandeln

(Lösung: Seite 116)

70 Sechserspiel

Unterteilen Sie ein Sechseck in drei Felder und nehmen Sie sechs Farben.
Da wir mehr Farben als Felder haben, ist die Anzahl der möglichen Arten, die Felder mit verschiedenen Farben auszumalen, **keine** Faktorenfunktion. Wie sich herausstellt, gibt es zwanzig verschiedene Möglichkeiten.
Das Spielbrett hat nur neunzehn sechseckige Felder – aus Symmetriegründen.
Spielt nur eine Person, ist das Spiel ein Puzzle: Neunzehn der zwanzig Spielsechsecke sind so auf das Brett zu legen, daß die Farben der sich berührenden Felder gleich sind.
Gibt es mehrere Mitspieler, wird wie folgt vorgegangen. Die Sechsecke mit der farbigen Seite nach unten legen und mischen. Die Spieler nehmen der Reihe nach ein Sechseck auf und legen es an einer beliebigen Stelle auf das Brett. Bei diesem Spiel besteht nicht die Pflicht, das eigene Sechseck an ein bereits ausgelegtes Sechseck anzulegen. Berühren sich allerdings zwei (oder mehr) Sechsecke, müssen die Farben der sich berührenden Flächen gleich sein. Wer nicht mehr weiterspielen kann, scheidet aus (seine noch nicht benutzten Sechsecke werden wieder verdeckt unter die anderen noch auf dem Tisch liegenden Sechsecke gemischt). Gewinner des Spiels ist derjenige, der als letzter übrigbleibt.

Spielmarken für das Sechserspiel

Spielfeld für das
Sechserspiel

(Lösung: Seite 117)

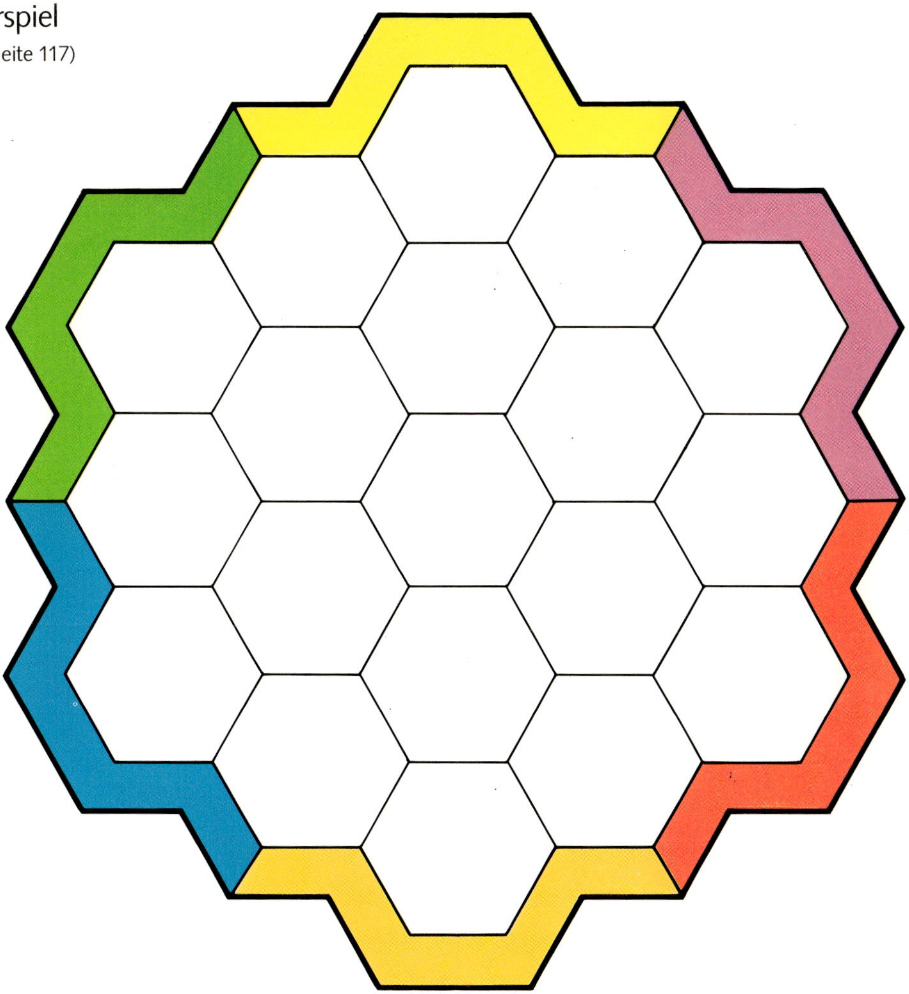

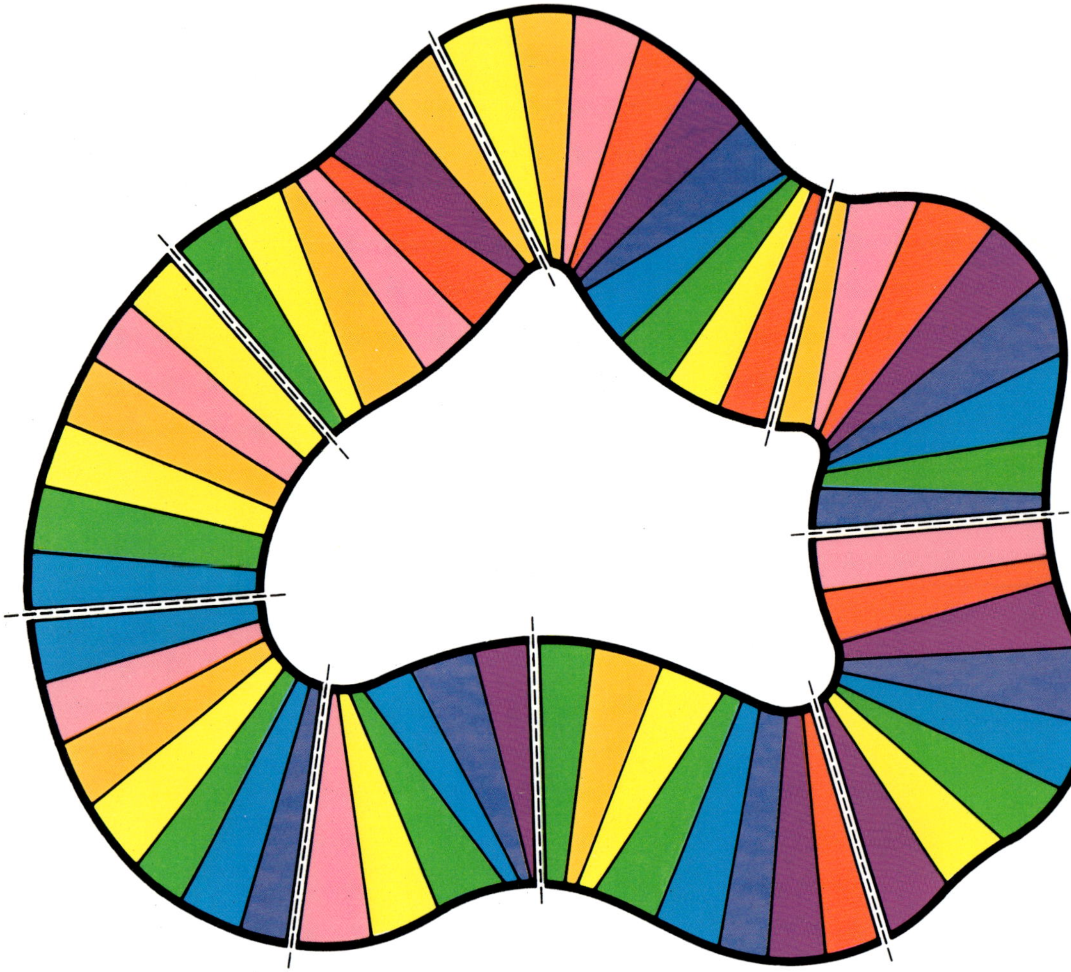

Schlange

Übertragen Sie dieses Zusammenlegspiel und schneiden Sie es am inneren und äußeren Rand aus. Zerschneiden Sie es dann an den markierten Stellen in acht Teile.
Vermischen Sie die Teile.
Versuchen Sie nun, die Teile wieder zu der ursprünglichen Form zusammenzulegen – aber ohne ins Buch zu schauen.
Ihnen werden viele Schlangen gelingen, aber es ist um einiges schwieriger, die Teile so zu legen, daß sich die Schlange in den Schwanz beißt. Herumprobieren kostet viel Zeit. Man sollte daher seinen Kopf einmal etwas anstrengen.
Noch ein Tip: Jedes der Teile der Schlange birgt den Schlüssel zur Lösung.

Octopus

Übertragen Sie die neun Achtecke und schneiden Sie sie aus. Stellen Sie sie dann in der ursprünglichen 3 x 3-Anordnung wieder so zusammen, daß alle sich berührenden Flächen die gleiche Farbe haben.

(Lösung: Seite 117)

Haben Sie sich schon einmal gefragt, auf wie viele verschiedene Arten sich zwei Oktopoden (achtarmige Kraken) die »Fangarme schütteln« können? Wenn Sie die Fangarme mit 1 bis 8 bezeichnen, wird dieses »Fangarmeschütteln« durch eine Permutation jener Zahlen bestimmt.
Die Antwort lautet demnach 8!, also 40 320mal.
Daraus ersehen Sie, wie einfach es ist, das Octopus-Rätsel zu lösen. Sie brauchen nur die **richtige** Anordnung zu finden.

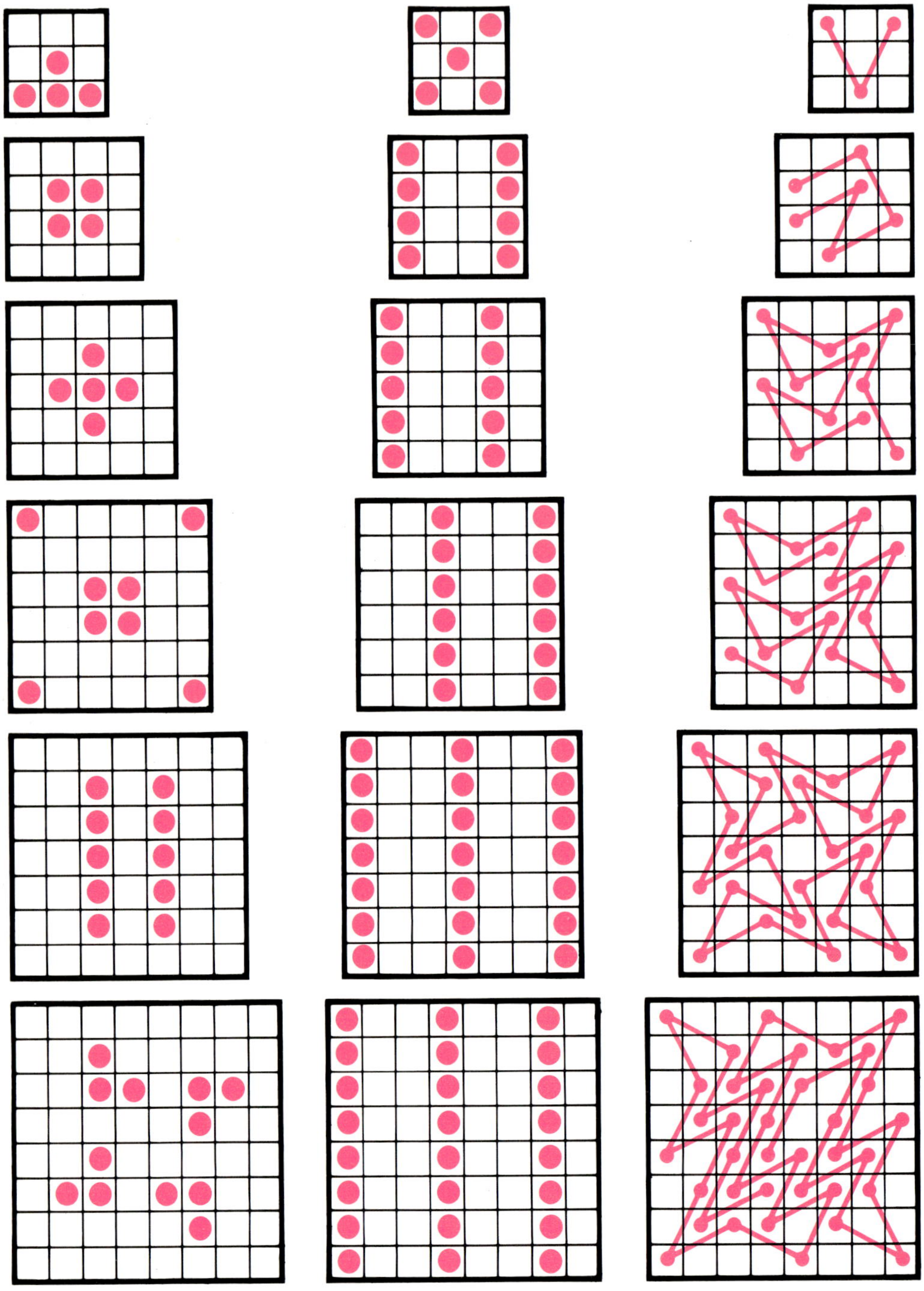

Dies sind keine **Schach**-Probleme, also keine Probleme, die mit regulären Spielsitutationen zu tun haben. Es sind vielmehr Probleme, bei denen es um die Schachfiguren und um das Schachbrett geht.

Springerprobleme

Das Problem der geringsten Springerzahl
Welches ist die kleinste Zahl von Springern, die auf einem quadratischen Brett aufgestellt werden können, so daß alle nicht besetzten Felder von wenigstens einem Springer bedroht werden? In der linken Spalte der Abbildung sind Lösungen für Schachbretter von 3 x 3 bis 8 x 8 Feldern dargestellt.

Das Problem der größten Springerzahl
Welches ist die größte Zahl von Springern, die auf einem Schachbrett aufgestellt werden können, so daß keiner den anderen angreift? (Mittlere Spalte der Abbildung.)

Springerwege ohne Kreuzungen
Wie weit kann ein Springer ziehen, ohne den eigenen Weg zu kreuzen? (Dritte Spalte der Abbildung.)

1 Turmzüge

Der Turm zieht waagerecht oder senkrecht so weit, wie er möchte. Suchen Sie so viele Turmzüge, wie Sie können. Wie viele Wege sind insgesamt möglich?
Welches ist die kleinste Anzahl Züge eines Turms über alle Felder des Bretts? Eine Lösung mit dreißig Zügen ist abgebildet.

2 Läuferzüge

Der Läufer zieht diagonal, ist also immer auf die Felder einer Farbe beschränkt. Er kann bei jedem Zug geradeaus so weit gehen, wie er möchte. Suchen Sie den Weg des Läufers über sämtliche Felder des Bretts. Wie viele Wege gibt es? Welches ist die kleinstmögliche Zahl von Zügen?

3 Züge der Dame

Ihre Majestät die Dame vereint in ihrer Person die Stärke sowohl des Turms wie des Läufers. Ziehen Sie die Dame so, daß sie mit vierzehn Zügen alle Spielfelder berührt. Sie muß am Ende wieder auf dem Feld stehen, von dem aus sie ihren Weg begonnen hat. Wenn nötig, darf ein Feld öfter als einmal berührt werden.

1 ▽

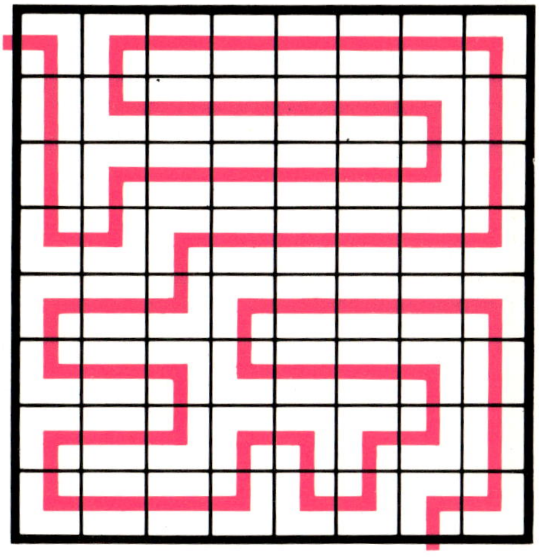

2 ▽

3 ▽

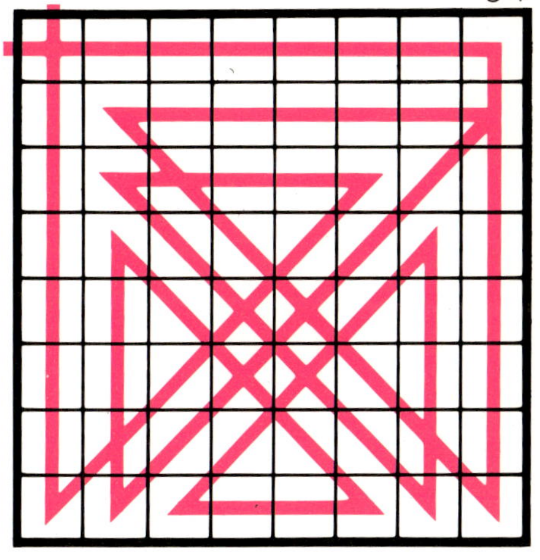

Springerzüge

Wissen Sie noch, wie der Springer im Schachspiel zieht?
Er kann auf jedes Feld gehen, das zwei Felder waagerecht und eins senkrecht, oder zwei Felder senkrecht und eins waagerecht vom Standort entfernt ist.
Eines der ältesten und interessantesten Schachbrettprobleme ist das des Weges des Springers über das Spielfeld.
Kann man mit dem Springer durch eine Folge regelgerechter Züge so ziehen, daß jedes Spielfeld genau einmal berührt wird? Das Brett muß dabei gar nicht einmal das übliche 8 x 8-Format haben.
Mathematisch betrachtet geht es bei dieser Frage um Graphen. Stellen Sie sich die Felder des Schachbretts als Knotenpunkte vor, und verbinden Sie sie durch eine Kante, wenn sie durch einen erlaubten Zug des Springers miteinander verbunden worden sind. (Die Spielfelder werden also nicht durch ein Nebeneinanderliegen im üblichen Sinn verbunden, sondern durch den »Springerraum«.)
Gibt es irgendeinen Hamiltonschen Weg, bei dem alle Felder berührt werden?

Wege des Springers über alle Felder

Kompositionen, denen »magische Linien« der Wege des Springers über alle Felder zugrunde liegen.

Der Weg über sämtliche Felder ist **geschlossen**, wenn der Springer mit dem letzten Zug auf das Ausgangsfeld zurückkehrt. Solche geschlossenen Wege sind nur auf Schachbrettern möglich, deren Seiten eine geradzahlige Anzahl Felder aufweisen. Um das zu erkennen, muß man sich klarmachen, daß der Springer bei jedem Zug auf ein andersfarbiges Feld rückt, wenn man ein herkömmliches Schachbrett benutzt. Auf einem Brett, dessen Seiten eine ungeradzahlige Anzahl Felder aufweisen, macht er eine geradzahlige Anzahl Züge und steht also am Ende auf einem Feld der gleichen Farbe, wie am Anfang; der letzte Zug würde somit auf dem Feld mit der falschen Farbe enden, was nicht möglich ist.
Auf einem normalen Schachbrett gibt es für den Springer Millionen Wege über alle Felder. Euler entdeckte eine ganze Menge, die eine ungewöhnliche Symmetrie zeigten. Hier sind einige originelle Muster, denen der Weg eines Springers über alle Felder des Schachbretts zugrunde liegt.

78 Ausweichmanöver auf dem Schachbrett

Gegeben sei ein Schachbrett mit n x n Feldern. Wie viele Damen können darauf plaziert werden, ohne daß eine die andere bedroht? Und ähnlich: Wie viele Spielsteine können Sie auf das Brett legen, ohne daß zwei in der gleichen Reihe, Spalte oder Diagonale liegen?
Auf einem Brett mit 4 x 4 Feldern ist soviel Platz, daß vier Damen in Frieden und Eintracht zusammen sein können.
Testen Sie, wie es Ihnen bei Brettern anderer Größe ergeht.

1 Weg

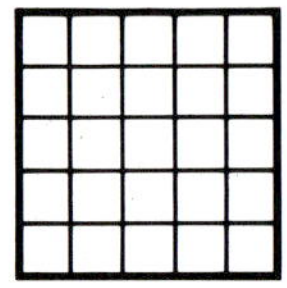

2 Wege

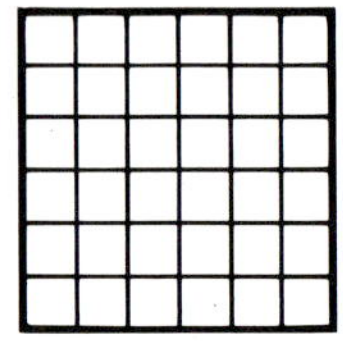

1 Weg

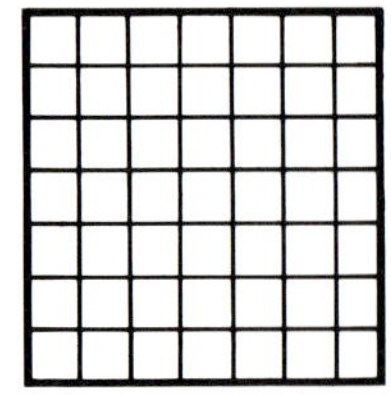

6 Wege

Ausweichmanöver auf dem Schachbrett

Für Bretter mit 4 x 4, 5 x 5, 6 x 6 und 7 x 7 Feldern

Schachbrettaufgabe für die Dame

Für ein Brett mit 8 x 8 Feldern gibt es zwölf verschiedene Lösungen

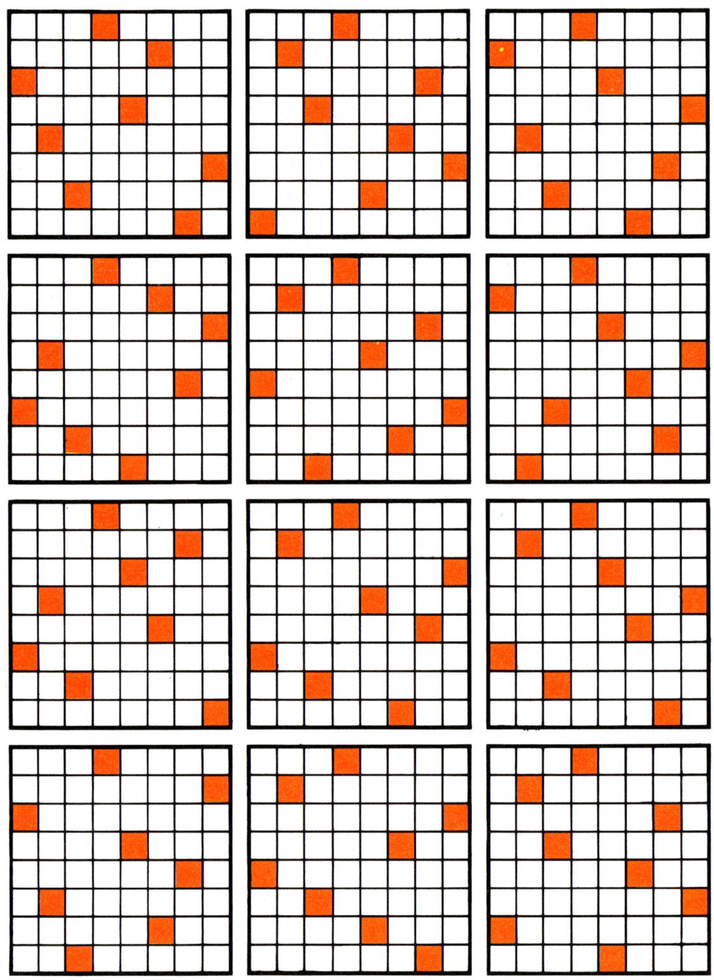

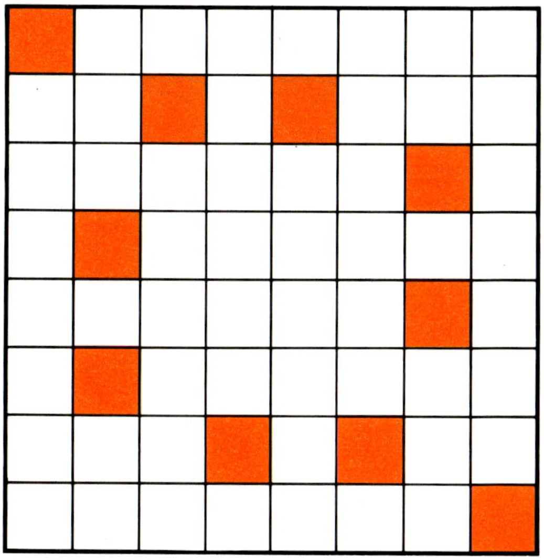

n=1

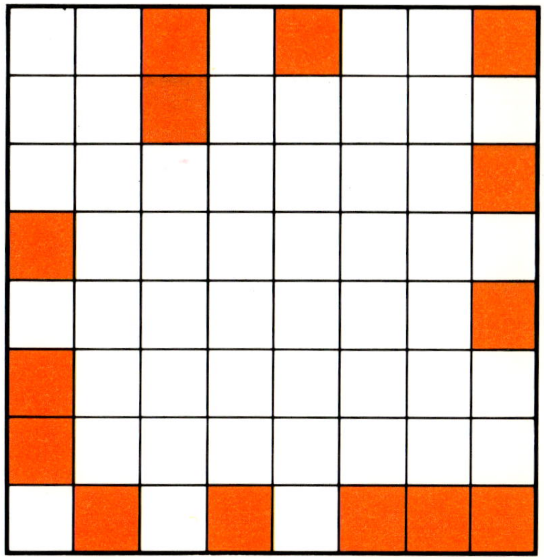

n=2

Ausweichmanöver allgemein

Wählen Sie eine Zahl aus, nennen Sie sie n. Welches ist die größte Anzahl Damen, die auf einem normalen Schachbrett (8x8 Felder) plaziert werden können, so daß jede Dame genau n andere bedroht?
Für n=1 beträgt die Zahl der Damen 10, und es gibt zwölf verschiedene Lösungen.
Das bis heute beste Ergebnis für n=3 ist die hier abgebildete lächerlich einfache Lösung. Selbst wenn dies tatsächlich die Antwort ist, ist es schon nicht mehr ganz so einfach, die Tatsache zu beweisen.
Für n=4 ist das beste bekannte Ergebnis 220 Damen.
Können Sie 20 Damen so auf dem Schachbrett plazieren, daß jede genau vier andere Damen bedroht?
Für n>4 **kann es keine Lösungen geben**. Das gilt unabhängig davon, wie groß das Schachbrett ist. (Können Sie das beweisen? Wie ist es mit einem Brett ohne Grenzen?)

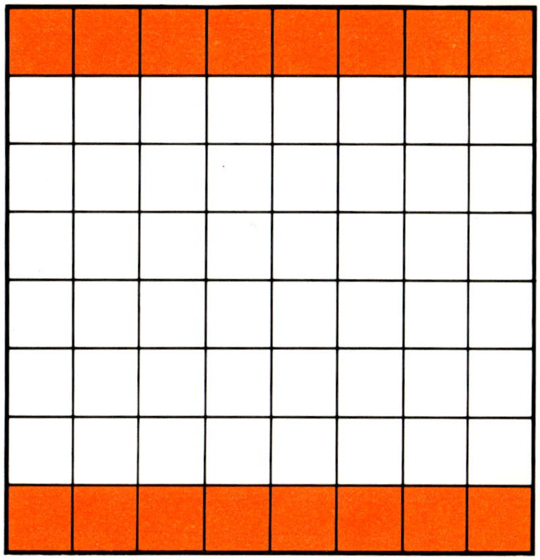

n=3

80 Strahlenquadrate

Übertragen Sie die Quadrate mit dem surrealistischen Strahlenmuster und schneiden Sie sie aus. Jede Seite wird mit vier verschiedenen Farben angemalt.
Ordnen Sie alle sechzehn Quadrate in einer Matrix aus 4 x 4 Feldern an, und beachten Sie dabei das Dominoprinzip.
Probieren Sie nicht herum – denken Sie nach. Es existiert ein logischer Kurzschluß.

(Lösung: Seite 118)

Übertragen Sie die vier abgebildeten Quadrate und schneiden Sie sie aus.
Diesmal wird jede Seite mit sechs verschiedenen Farben angemalt.
Bei genau einer Farbe ist es nicht möglich, eine durchgehende Zickzacklinie zu bilden, wenn man die vier Quadrate nebeneinanderlegt.
Welche Farbe ist dieser Außenseiter?
Sie haben genau eine Minute Zeit, um diese Aufgabe zu lösen. Die Uhr läuft!

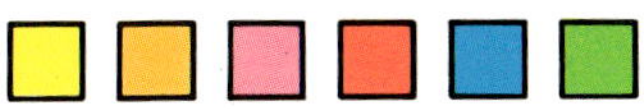

82 Altehrwürdige Halsketten

Eine Halskette hat n Perlen. Einige sind schwarz, die übrigen weiß. Wie viele verschiedene Ketten gibt es? Versuchen Sie es mit n=1, 2, 3, 4, 5, 6 und 7. Drehungen und Spiegelungen sollten bei diesem Problem nicht berücksichtigt werden.
Die Lösungen für n=1 bis 6 sind nebenstehend abgebildet.
Die Tabelle unten führt für n=1 bis 20 an, wie viele Lösungen es gibt.

Perlen	Halsketten
1	2
2	3
3	4
4	6
5	8
6	13
7	18
8	30
9	46
10	78
11	125
12	224
13	380
14	687
15	1224
16	2250
17	4112
18	7685
19	14310
20	27012

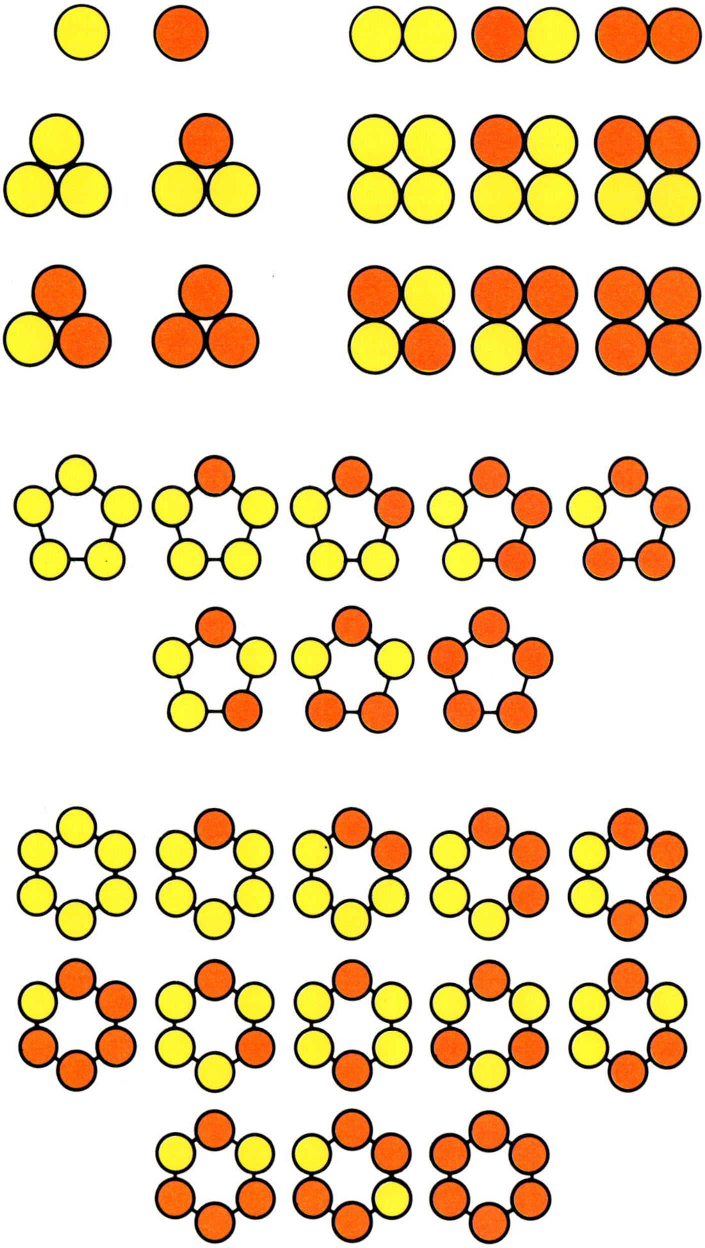

Die Kette mit den farbigen Perlen

Lösungen für 1 bis 6 Perlen.

Es gibt ein gleichgelagertes geometrisches Problem bei Polygonen. Es soll beispielsweise n = 7 sein.
Wie viele Möglichkeiten gibt es, ein regelmäßiges Siebeneck mit zwei Farben anzumalen?
Die Aufgabe wäre ganz einfach zu lösen, wenn man Drehungen und Spiegelungen nicht zulassen würde. Tut man das aber, wird die Angelegenheit äußerst kompliziert. In der Sprache der Informationstheorie gesprochen besteht ein äquivalentes Problem: Wie viele binäre Kodewörter (Folgen von 0 und 1) bestimmter Länge gibt es, die als identisch die Wörter ausschließen, die die gleiche Folge von Digits in zyklischer Anordnung haben, entweder im Uhrzeigersinn oder umgekehrt?
Ein Weg, das Problem anzugehen, besteht darin, sich der mathematischen Theorie symmetrischer Gruppen zu bedienen.

Die Kette mit sieben farbigen Perlen

Finden Sie alle achtzehn zweifarbigen Ketten mit sieben Perlen und malen Sie sie farbig an. Übertragen Sie die farbig angemalten Siebenecke, schneiden Sie sie aus und versuchen Sie, sie alle so anzuordnen, daß die Farben jeweils zusammenpassen.

(Lösung: Seite 119)

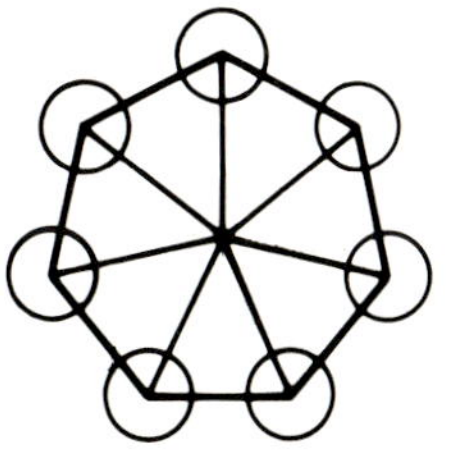

Dies ist in unserer Sammlung kombinatorischer Dominoprobleme das schwierigste. Übertragen Sie nach dem Muster fünfundzwanzig Spielmarken, schneiden Sie sie aus und malen Sie sie farbig an, wie angegeben. Ordnen Sie sie nun neu in einem 5 x 5-Quadrat nach dem Dominoprinzip an (die Farben der sich berührenden Flächen müssen übereinstimmen).
Die Anzahl der möglichen Anordnungen ist $2^{25} \times 25!$, eine gewaltige Zahl. Und eine davon ist die richtige. Welche?
Wenn man die fünfundzwanzig Spielmarken auslegt, **ohne** sich an das Dominoprinzip zu halten, lassen sich zahllose Muster bilden, von denen sehr viele sehr gefällig für das Auge sind. Die vier hier abgebildeten Kompositionen bilden eine Folge, in der der Umfang der den Mustern innewohnenden Ordnung von Mal zu Mal abnimmt. Es fällt schwer zu glauben, daß all diese Entwürfe aus den gleichen Grundelementen hervorgegangen sind.
Wenn Sie die Lösung finden, wird alles wieder ganz anders aussehen.
Wenn ein fester Körper schmilzt oder eine Flüssigkeit kocht, ordnen sich die Atome, aus denen sie bestehen, zu neuen Systemen, die eine geringere innere Ordnung haben. Man spricht in diesem Zusammenhang von **Phasenübergang**. Wie wir sehen, gibt es solche Übergänge offenbar nicht nur in der Natur, sondern auch in der Kunst.
Die durch das Dominoprinzip auferlegte Ordnung erzeugt ganz neue Effekte. Das Übereinstimmen von Farbflächen bringt ineinander übergehende Muster hervor. Die in den Darstellungen liegende optische Täuschung und Umkehrung verleihen eine zusätzliche Dynamik.
Ist die Lösung unserer Aufgabe auch die befriedigendste im Fall der Kompositionen? Falls Sie dieser Meinung sind, ist das ein Beweis für die Notwendigkeit des Entwurfs, der ein Plan für eine Ordnung ist?

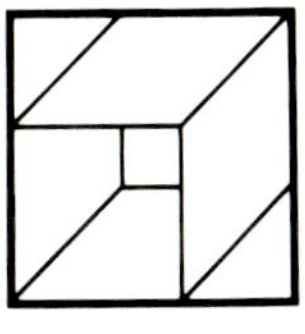

Das Universum, das wir bevölkern, ist unendlich groß, und die Naturgesetze sind komplex und unergründlich. Aber selbst ein einfaches Universum, in dem einfache Gesetze gelten, birgt viele Überraschungen. Moderne Computer arbeiten wie kleine Universen. Die Naturgesetze sind die Programme, die regeln, was sie tun. Selbst ein einfaches Programm kann eine Fülle von Ergebnissen bringen. Einer der Väter des modernen Computers, Johann von Neumann, entwickelte eine Theorie über **Zellautomaten**, im Grunde einfache Computer, die bis auf das mathematisch Wichtige allen übrigen Beiwerks entkleidet waren. Ein Zellautomat besteht aus vielen quadratischen Zellen. Der Zustand einer bestimmten Zelle verändert sich in jedem Augenblick entsprechend den Zuständen der benachbarten Zellen. Trotz ihrer Einfachheit verhalten sich Zellautomaten unorthodox. Man kann beispielsweise die Regeln, nach denen die Zellen sich gegenseitig beeinflussen, so wählen, daß eine sich selbst reproduzierende Anordnung von Zuständen besteht.
Wir können also ein »Geschöpf« bilden, das in der Lage ist, sich selbst zu reproduzieren. Tatsächlich ähnelt dieses »Geschöpf« in seinen wesentlichen Bestandteilen einem lebenden Wesen und reproduziert sich nach einem »genetischen« Plan der gleichen Art.
Wir können Zellautomaten erforschen, indem wir dicke Punkte in ein Gitter aus Quadraten zeichnen oder mit Steinen ziehen.

Die Regeln sind weiter unten aufgeführt. Wählen Sie sich Ihr »Geschöpf«, irgendeine Anfangskonstellation aus Punkten, und verfolgen Sie, wie es wächst.
Folgende Zustände sind für die Zellen erlaubt:
a) Leer
b) Rot
c) Schwarz
Das Geschöpf entwickelt sich, Zug um Zug, nach folgenden Gesetzmäßigkeiten:
a) Ein leeres Quadrat, das an ein, aber nur ein rotes oder schwarzes Quadrat angrenzt, wird schwarz. (Das entspricht einer »Geburt«.)
b) Alle neuen schwarzen Zellen erscheinen gleichzeitig nach einem erfolgten Zug.
c) Alle bis dahin schwarzen Zellen werden rot (sie »altern«).
d) Alle bis dahin roten Zellen werden leer (sie »sterben«).
Man kann mit Steinen auf einem Brett spielen, um die aufeinander folgenden Entwicklungsprozesse des Geschöpfs zu verfolgen, für das man sich entschieden hat. Abänderungen der Spielregeln sind möglich.

Berühmt sind die Spielregeln, die John Horton Conway sich ausgedacht hat. Das System, das sich aus ihnen ergibt, nennt er »Leben«. Physiker untersuchen mit Hilfe ähnlicher Überlegungen, wie sich feste Körper in Flüssigkeiten verwandeln oder flüssige Stoffe in Gase. Sie sprechen in diesem Zusammenhang von »Gitterdynamik«.

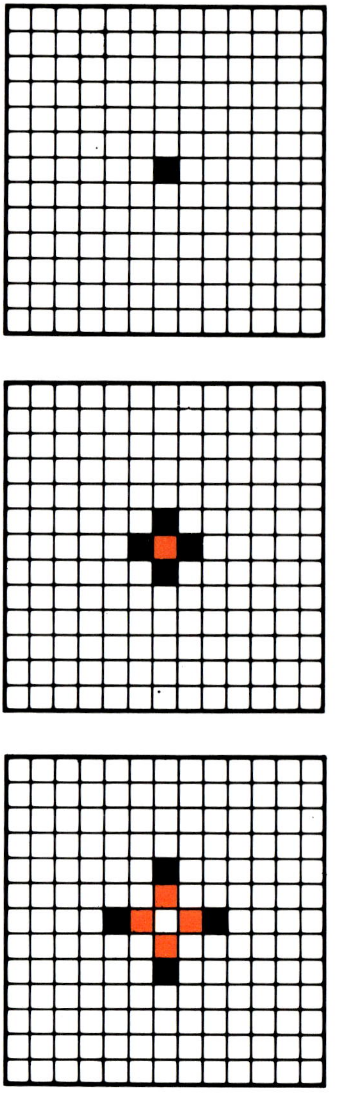

Wachstumsmuster einer quadratischen Matrix

Die ersten acht Generationen. Führen Sie das Muster für die nächsten Generationen weiter.

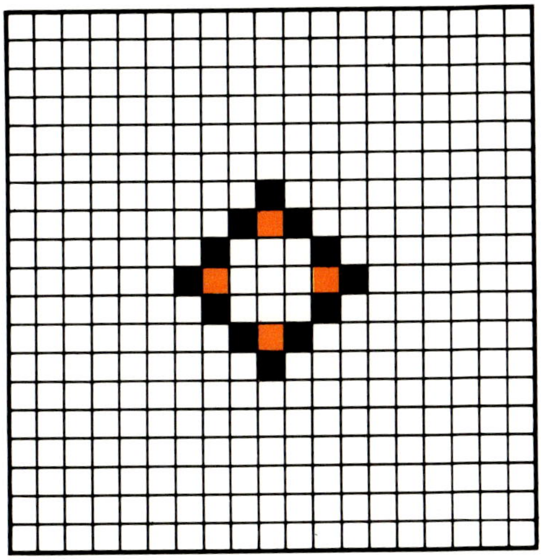

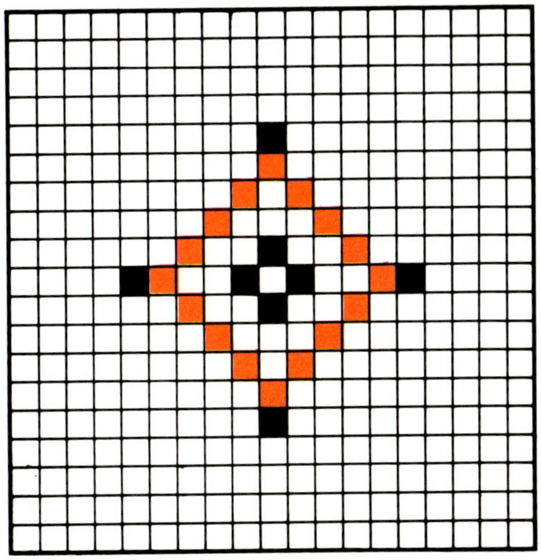

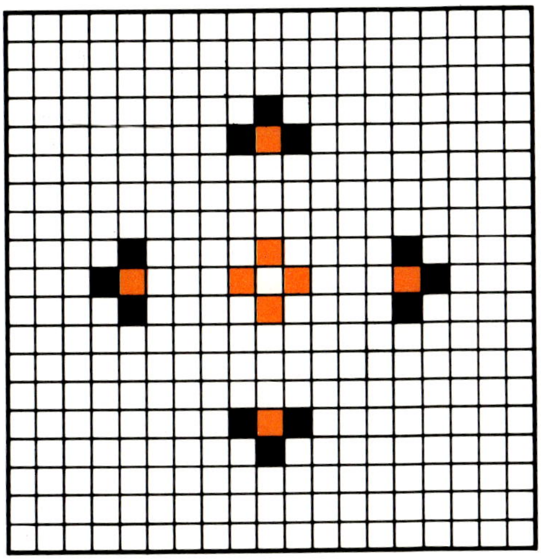

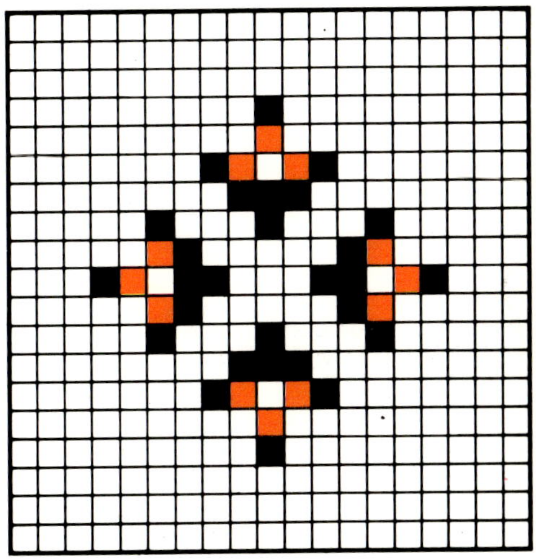

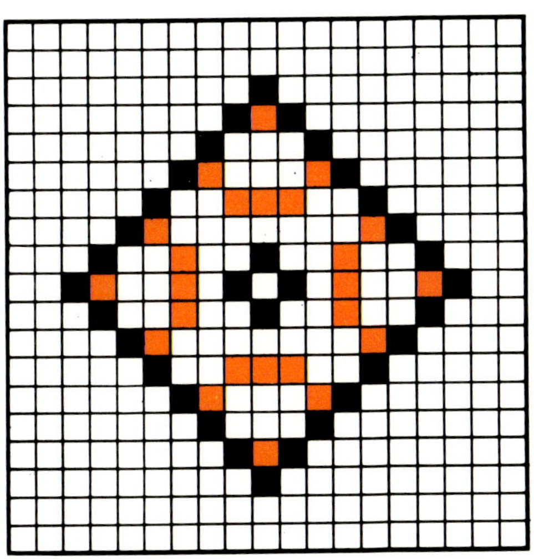

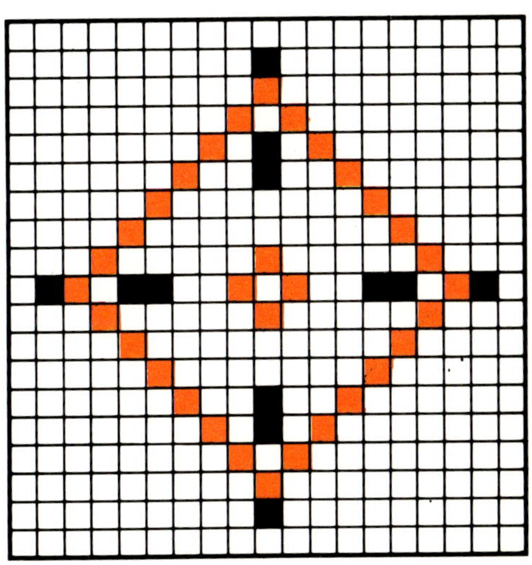

Zu dieser Idee des »Wachstumsmusters« gibt es zahlreiche Variationen. Sie werden sehr oft wegen ihrer Anwendungsmöglichkeiten in der Physik, der Kristallographie, der Computerwissenschaft und der Biologie erforscht. Die Ausbreitung einer Infektion in einem Waldgebiet oder ein aus Zellen bestehendes Gewebe lassen sich auf diese Art modellartig nachvollziehen. Modelle, die auf quadratischen oder dreieckigen Zellen aufbauen, eignen sich besonders gut für Computerberechnungen. Gewissermaßen ist fast alles, was mit einem Computer gemacht wird, eine Art zelluläres Wachstumsmuster.

Denken Sie zum Beispiel an die Wettervorhersage. Der Computer unterteilt die Erdatmosphäre in Tausende von Zellen. Aus dem Zellenzustand **heute** (Temperatur, Luftdruck, Luftfeuchtigkeit etc.) leitet er den Zustand **morgen** ab, indem er eine ganze Reihe »Züge« auf einer sehr kurzen Zeitskala macht. Die herkömmliche Wetterkarte wird aus den Informationen in den Zellen zusammengesetzt.

Kristalle wachsen nach einfachen geometrischen Grundsätzen: Die Atome werden, regelmäßigen Gitterstrukturen folgend, angesetzt. Die erstaunliche Vielfalt der Kristallformen zeigt, wieviel Freiheit trotz der zugrunde liegenden Regelmäßigkeit gegeben ist.

Es gibt kein Schneekristall, das dem anderen gleicht.

Das biologische Wachstum war seit jeher ein Rätsel.

D'Arcy Thompson hat bereits sehr früh Studien hierüber angestellt und in seinem berühmten Buch **On Growth and Form** (Über Wachstum und Form) festgehalten.

Er bemerkte eine systematische Art des Wachstums bei lebenden Organismen. Weichtiere sondern die sie schützende Schale in einem Prozeß ständiger Expansion aus. Jeder neu hinzukommende Teil der Schale ähnelt seinem Vorgänger, ist aber größer als dieser. Die schönen Spiralen vieler Schalen haben in diesem einfachen Prinzip ihren Ursprung. Und ähnlich ist es auch bei den Samen der Sonnenblumen.

Die Freiheit, die Wachstumsmuster schöpferisch auszubeuten, ist unendlich groß, vor allem in der darstellenden Kunst und der Musik. Hier einige Beispiele als Anregung, die aber nur die Spitze des Eisberges sind.

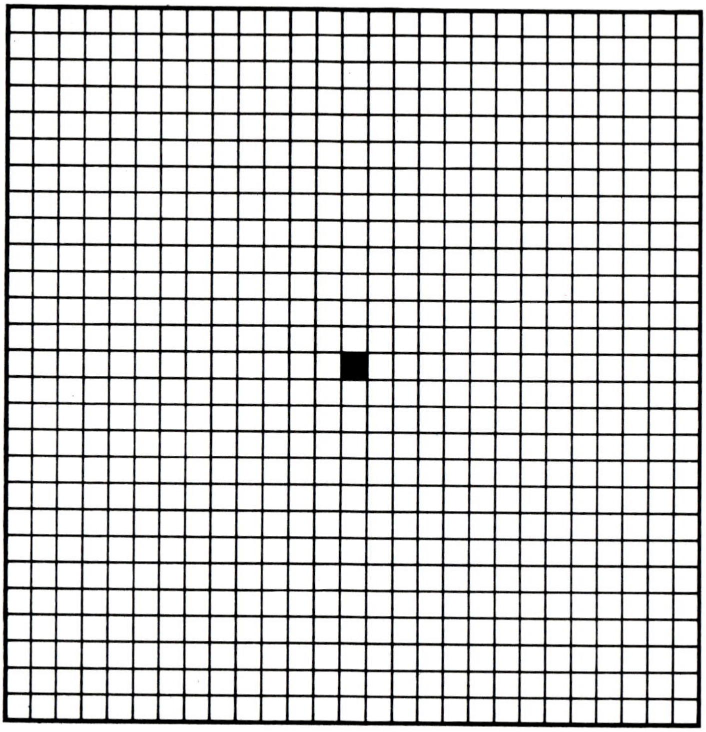

Wachstumsmuster von Quadraten – dreizehn Generationen

In der ersten Generation existiert nur ein einziges Quadrat im Zentrum.

Mit jeder neuen Generation kommen Quadrate hinzu, wobei nur das eine Gesetz gilt:

Es darf kein Quadrat hinzugefügt werden, das zwei Seiten eines Quadrats der vorangegangenen Generation berührt.

Um die Sache lebhafter zu gestalten, sollten Sie jede Generation in einer anderen Farbe darstellen.

Wie viele Quadrate gibt es in jeder Generation?

Welche Zahlenfolge stellen sie dar?

Weist das Muster irgendwelche Regelmäßigkeiten auf?

Könnte das Muster unendlich groß werden?

Das sind nur einige der interessantesten Fragen, die durch solche Muster aufgeworfen werden. Denken Sie sich selbst irgendwelche Wachstumsgesetze aus und beobachten Sie, was Ihre Muster machen.

Stellen Sie die gleichen Fragen – und beantworten Sie sie auch.

Versuchen Sie es zum Beispiel einmal mit diesem Gesetz: Kein neu hinzukommendes Quadrat darf Quadrate vorangegangener Generationen berühren. Was passiert dann?

(Lösung: Seite 120)

Farbe	□		△
1			
2			
3			
4			
5			
6			
7			
8			
9			
10			
11			
12			
13			

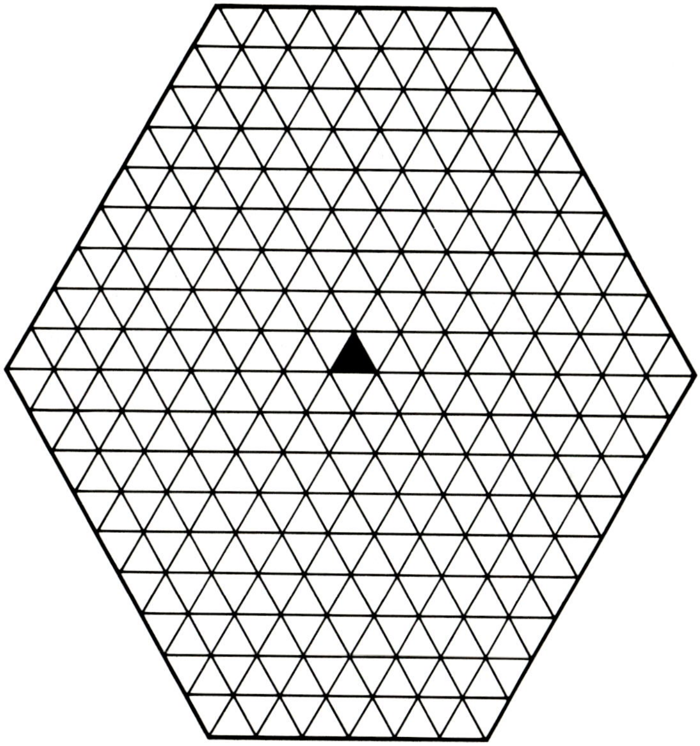

Wachstumsmuster von Dreiecken

Den Gedanken der Wachstumsmuster kann man auch anhand anderer Arten von Gittern erforschen. Je nachdem welche Wachstumgsregeln man wählt, entstehen unterschiedliche Musterreihen.

Musterregeln:

a) Kein neues Dreieck darf mehr als zwei bereits liegende Dreiecke berühren.

b) Jedes neue Dreieck muß eine ungerade Anzahl alter Dreiecke berühren.

c) Wird ein altes Dreieck von zwei anderen Dreiecken berührt, darf kein neues Dreieck gelegt werden, das das alte Dreieck ebenfalls berühren würde.

d) In jeder Phase »gebiert« jedes alte Dreieck drei (an seinen Seiten anliegende) Dreiecke und »stirbt« dann.

e) In jeder Phase gebiert jedes alte Dreieck zwölf neue Dreiecke (sämtliche Dreiecke, die es an einer Seite oder Spitze berühren) und stirbt dann.

Experimentieren Sie mit diesen und anderen Regeln, und beobachten Sie, was für Muster Sie erhalten.

(Lösung: Seite 120)

Gekennzeichnete Unterlagen

Wenn wir fünf Unterlagen haben, die durch fünf verschiedene Farben gekennzeichnet sind, und fünf Gegenstände, wie viele Möglichkeiten gibt es dann, die Gegenstände so zu verteilen, daß auf jeder Unterlage **ein** Gegenstand liegt?
Dies ist lediglich eine andere Art zu fragen, auf wie viele verschiedene Möglichkeiten die fünf Gegenstände der Reihe nach angeordnet werden können (weisen Sie den Farben die Zahlen 1 bis 5 zu und bestimmen Sie mit ihrer Hilfe die Reihenfolge). Als Antwort erhalten wir einfach die Anzahl der Permutationen von fünf Gegenständen, also $5! = 120$.
Nehmen wir an, daß auf jeder Unterlage Gegenstände beliebiger Anzahl (0 – 5) liegen können.
Auf wie viele verschiedene Arten können sie verteilt werden?
Ein Gegenstand, eine Unterlage – eine Möglichkeit. Das ist trivial.
Zwei Gegenstände können auf vier verschiedene Arten auf zwei Unterlagen verteilt werden. Versuchen Sie, sämtliche Möglichkeiten aufzuzählen, die sich für drei Gegenstände und drei Unterlagen ergeben.
Die Antwort: siebenundzwanzig.
Schauen wir uns die Zahlen etwas näher an. Wir haben
$1 = 1^1$ Möglichkeiten, um 1 Gegenstand auf 1 Unterlage zu verteilen,
$4 = 2^2$ Möglichkeiten, um 2 Gegenstände auf 2 Unterlagen zu verteilen,
$27 = 3^3$ Möglichkeiten, um 3 Gegenstände auf 3 Unterlagen zu verteilen.
Man liegt nicht schlecht mit der Vermutung, daß es n^n Möglichkeiten gibt, n Gegenstände auf n Unterlagen zu verteilen.
Das heißt also, $4^4 = 256$ Möglichkeiten für 4 Gegenstände und 4 Unterlagen, und
$5^5 = 3125$ Möglichkeiten für 5 Gegenstände und 5 Unterlagen.
Das ist auch tatsächlich die richtige Antwort. Bewiesen hat sie der Mathematiker Arthur Cayley. Der Beweis kann mit Hilfe einer geistigen Anleihe bei den Baumgraphen geführt werden. Unterlagen und Bäume sind insgeheim Geschwister.

Nicht gekennzeichnete Unterlagen

Unterstellen wir nun, alle Unterlagen hätten die gleiche Farbe, wären also nicht gekennzeichnet. Und es wäre nicht möglich, die einzelnen Unterlagen auseinanderzuhalten.
Wie ist das Zahlenschema?
Wie viele Möglichkeiten gibt es, n Gegenstände auf n nicht gekennzeichnete Unterlagen zu verteilen, wenn n 1, 2 oder 3 ist?
Nehmen wir an, wir wollen einen Mann und seine Frau in zwei Betten unterbringen. Es gibt grundsätzlich zwei Möglichkeiten: entweder beide im gleichen Bett oder jeder für sich in einem. Dabei ist es egal, welches Bett nun welches ist.
Für $n = 2$ lautet die Antwort demnach 2.
Es gibt fünf Möglichkeiten, drei Leute in drei Betten unterzubringen.
Aber zurück zu unserem Rätsel.
Es gibt 15 Möglichkeiten für $n = 4$ und 52 Möglichkeiten für $n = 5$.
Das Zahlenschema ist sicher schwerer verständlich als das einfache n^n.

Zwei Gegenstände auf zwei Unterlagen

Zeichnen Sie mit zwei Farben, auf wie viele verschiedene Arten zwei Gegenstände auf zwei Unterlagen verteilt werden können.

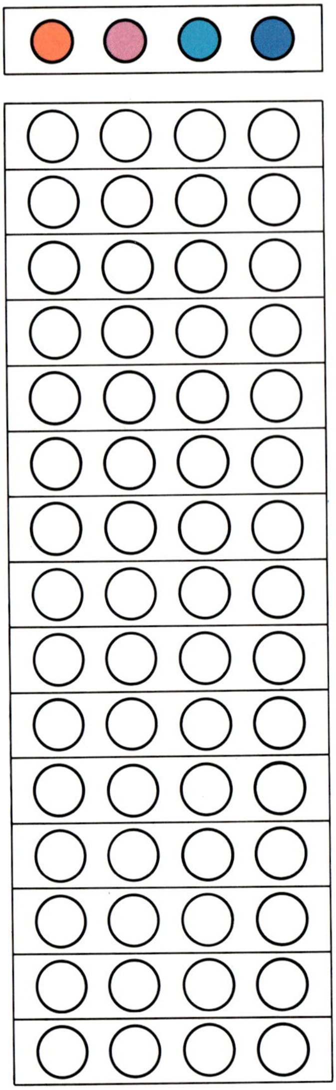

Vier Gegenstände auf vier nicht gekennzeichneten Unterlagen

Zeichnen Sie mit vier Farben die Möglichkeiten ein.

Drei Gegenstände auf drei Unterlagen ▷

Zeichnen Sie mit drei Farben, auf wie viele Arten drei Gegenstände auf drei Unterlagen verteilt werden können.

Denken Sie sich eine Zahl...
Wir wollen für den Anfang mit einigen Zahlenspielereien beginnen. Aber wir wollen der Sache einen neuen Dreh geben. Nehmen wir an, die Zahl wäre 723.
Multiplizieren Sie die einzelnen Ziffern miteinander. (Wir erhalten dann 7 x 2 x 3 = 42.)
Wiederholen Sie den Vorgang. (4 x 2 = 8.) Und noch einmal. (8 = 8.) Weiter geht es nicht.
Die Reihe der Berechnungen endet nach drei Schritten. In der mehr spielerischen Zahlentheorie sagt man in einem solchen Fall, die **Persistenz** der Ursprungszahl, 723, beträgt drei. Allgemein gesprochen ist die Persistenz einer Zahl die Anzahl der Schritte, die nötig sind, um sie durch wiederholtes Multiplizieren aller ihrer Ziffern auf eine einzige Ziffer zurückzuführen.
Die Persistenz von 77 findet man beispielsweise durch wiederholte Multiplikationen:
77 ⋆ 49 ⋆ 36 ⋆ 18 ⋆ 8
Sie ist also in diesem Fall vier.
Auf der Grundlage der Persistenz kann man eine ganze Reihe Spiele entwickeln, die zum Ziel haben, das Multiplizieren einzuüben. Hauptutensil für das Spielen ist ein Kartenspiel mit ein- und zweistelligen Zahlen, die als Produkt vorkommen können.
Da die 9 nur aus der 33 gebildet werden kann, die 33 aber aus keiner anderen zweistelligen Zahl hervorgeht, lassen wir diese beiden Zahlen weg, und darüber hinaus noch einige andere, so daß wir am Ende vierundsechzig Zahlen haben:
0 1 2 3 4 5 6 7 8 10 12 14 15 16 18 20 21 24 25 27 28 30 32 35 36 39 40 41 42 43 44 45 46 47 48 49 50 51 52 53 54 55 56 57 58 59 60 61 62 63 64 65 66 67 68 69 70 71 72 73 74 75 76 77 94.
Das sind also die Karten. Ihre Aufgabe ist es nun, sich Spiele auszudenken. Die Mitspieler könnten beispielsweise Karten an bereits ausliegende Karten anlegen, wobei die neue Karte an eine Karte angelegt werden muß, die den nächsten rechnerischen Schritt in der Persistenz bildet, d.h., das Produkt der Ziffern der neuen Karte muß dem Wert der Karte entsprechen, an die sie angelegt worden ist. Oder die Spieler werden aufgefordert, Karten an eine Reihe anzulegen, wobei sie den gleichen Regeln gehorchen müssen.

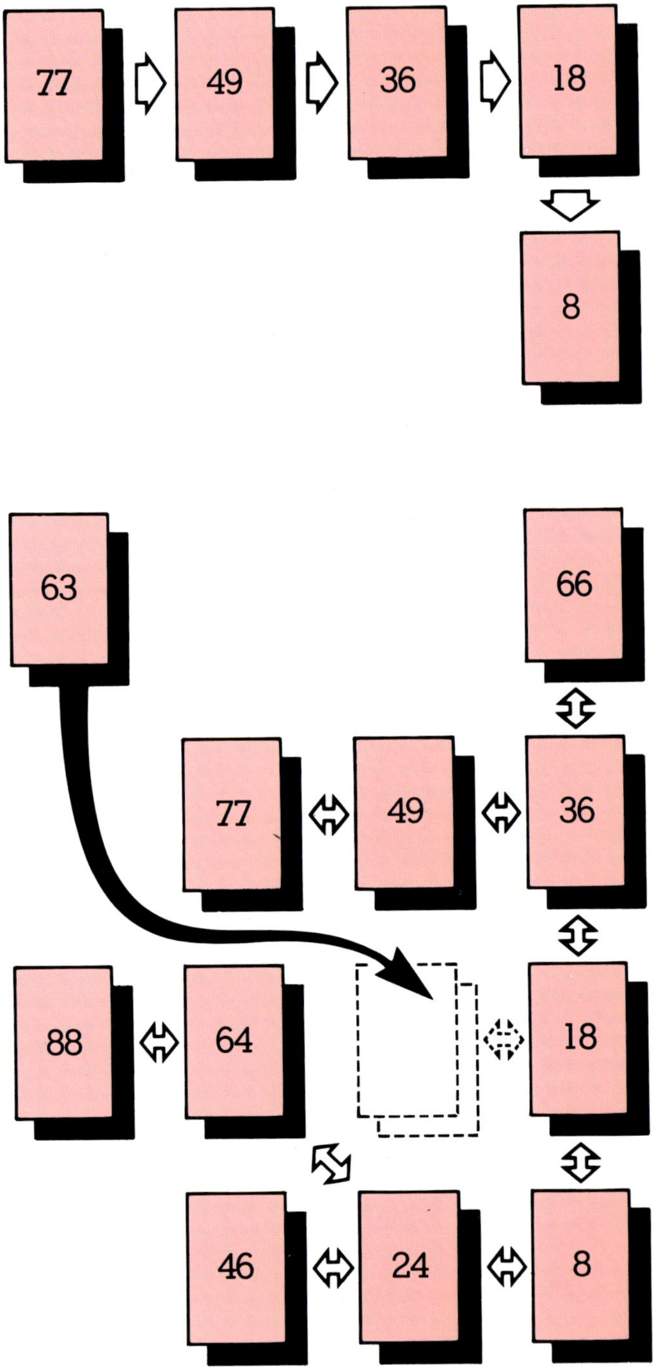

Persisto

Oben: eine Persisto-Zahlenfolge.
Unten: eine Persisto-Einzelanordnung.

Übertragen Sie die nebenstehend abgebildeten sechzehn farbigen Quadrate.
Ziel des Spiels ist es, alle sechzehn Quadrate nacheinander auf das Spielbrett zu legen, wobei folgende Regeln zu beachten sind:
a) Es ist nicht erlaubt, eine Spielmarke auf ein Quadrat der gleichen Farbe oder daneben zu legen. (»Daneben« bedeutet auch eine diagonale Nachbarschaft.)
b) Nach jedem Zug nimmt ein Quadrat auf dem Spielbrett die Farbe des Quadrates an, das auf ihm liegt; die neue Farbe ist dann, hinsichtlich der Regel (a), maßgeblich für nachfolgende Züge.
Das Spiel kann allein oder von zwei Personen gespielt werden. Die zwei Spieler legen abwechselnd und nach den Regeln entsprechend ein Quadrat aus; wer als erster nicht mehr weiterspielen kann, hat verloren.

(Lösung: Seite 121)

Spectrix-Spielfeld

Mehr als zwei Jahrtausende galt die Euklidische Geometrie als die einzig mögliche Geometrie. Doch diese »offensichtliche Wahrheit« erwies sich schließlich nicht nur nicht als offensichtlichtlich, sondern nicht einmal als wahr.
Vor weniger als zwei Jahrhunderten wurden mehrere nichteuklidische Geometrien entwickelt, die ebenso Gültigkeit hatten wie die Euklidische Geometrie.

Die nichteuklidischen Geometrien unterscheiden sich von der Euklidischen Geometrie in mehreren Punkten. Einer der Hauptgründe, nach ihnen zu suchen, war der, Geometrien zu finden, in denen das Parallelenaxiom Euklids nicht galt, das heißt, in sich schlüssige Geometrien zu finden, bei denen sich alle Geraden treffen (es also keine Parallelen gibt), oder bei denen es durch einen außerhalb einer Geraden liegenden Punkt viele Parallelen gibt.
Diese geometrischen Ansätze mögen erhebliche praktische Bedeutung, insbesondere in der Kosmologie und in der modernen Physik, haben.
Die wichtigsten nichteuklidischen Geometrien sind allerdings nicht leicht zu erklären. Einen leichteren Einstieg bietet die Taxi-Geometrie.
Stellen Sie sich eine moderne Großstadt vor, deren Straßen den quadratischen Karos in einem Rechenheft gleichen – sie laufen von Norden nach Süden oder von Osten nach Westen. Wenn Sie mit einem Taxi fahren müssen, sollten Sie die Entfernungen nicht messen »wie ein Vogel

Taxi-Geometrie

Kreise mit den Radien 1, 2, 3, 4, 5 und 6.

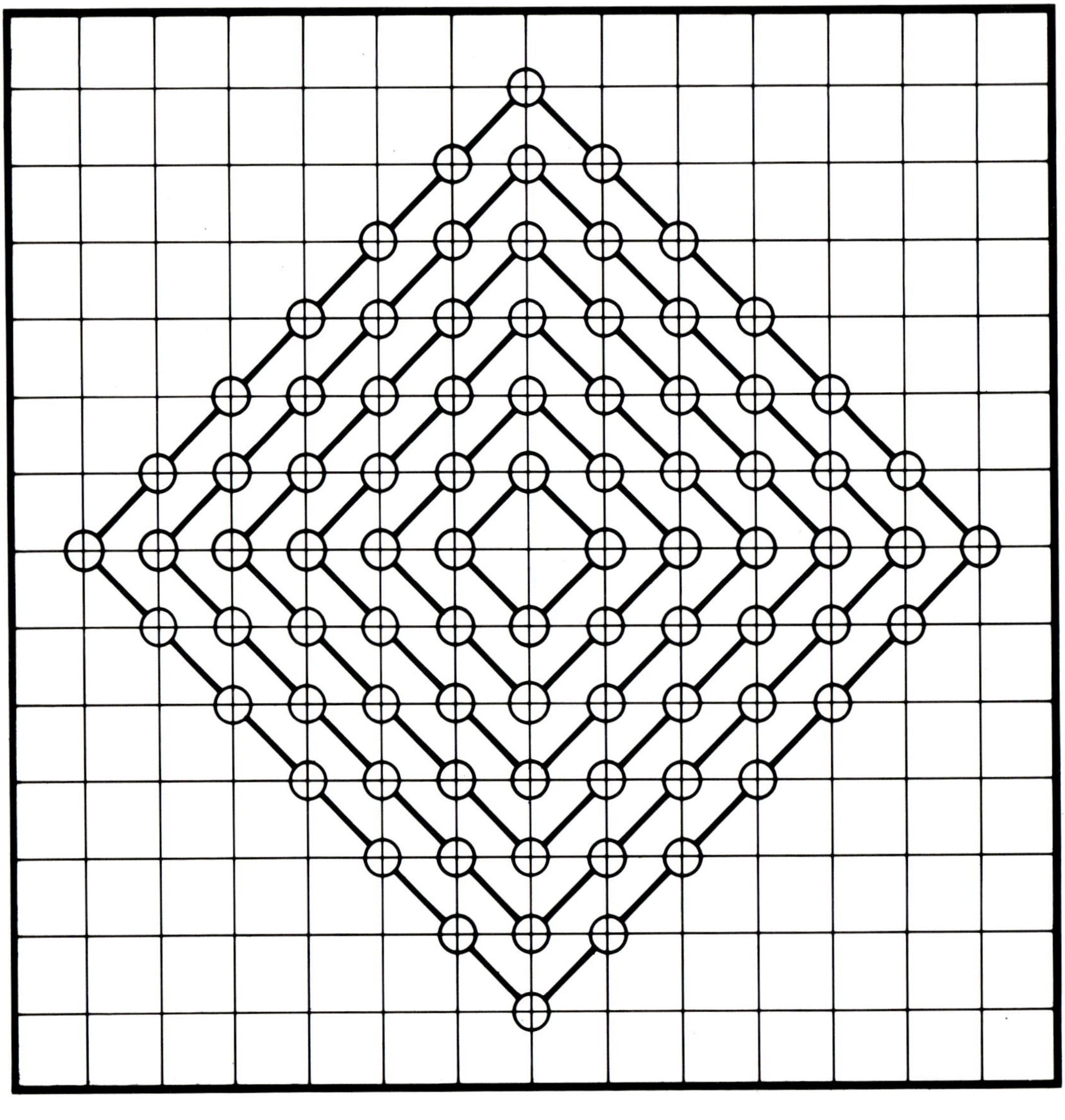

fliegt«, sondern »wie das Taxi fährt« – also entlang der Linien der Karos. Taxi-Entfernungen sind im allgemeinen länger als die tatsächlichen Entfernungen, es sei denn, es gibt zwischen Ausgangs- und Endpunkt eine schnurgerade Verbindung.
Betrachten wir nun Taxi-Kreise. In der normalen Geometrie haben alle Punkte den gleichen Abstand vom Kreismittelpunkt. In der Taxi-Geometrie gebrauchen wir die gleiche Definition, aber die Form ändert sich. Nehmen wir an, Sie wohnen in einer Stadt, in der sechs Häuserblocks auf einen Kilometer gehen, und Sie fahren mit dem Taxi einen Kilometer. Wohin können Sie fahren?
Sie könnten sechs Blocks nach Osten fahren, oder fünf nach Osten und einen nach Norden, oder vier nach Osten und zwei nach Norden... und so fort. All diese Punkte liegen auf dem »Taxi-Kreis«, der einen Radius von einem Kilometer hat. Wenn Sie sie aber aufzeichnen, stellen Sie fest, daß Sie ein **Quadrat** vor sich haben. In der Taxi-Geometrie sind Kreise also Quadrate, und viele der Axiome Euklids (geometrische Gesetze) haben keine Gültigkeit mehr. In der Euklidischen Geometrie gibt es zum Beispiel immer genau einen kürzesten Weg zwischen zwei Punkten. Auch in der Taxi-Geometrie gibt es einen kürzesten Weg, aber unter Umständen gibt es mehrere Wege, die genau die gleiche »kürzeste Entfernung« haben.
Selbstverständlich haben einige Gesetzmäßigkeiten der Euklidischen Geometrie nach wie vor Bestand. Sie können die Taxi-Geometrie dadurch erkunden, daß Sie versuchen herauszufinden, auf welche das zutrifft und auf welche nicht.
In der Euklidischen Geometrie können beispielsweise zwei verschieden große Kreise höchstens zwei Punkte gemeinsam haben. Gilt das auch für die Taxi-Geometrie?

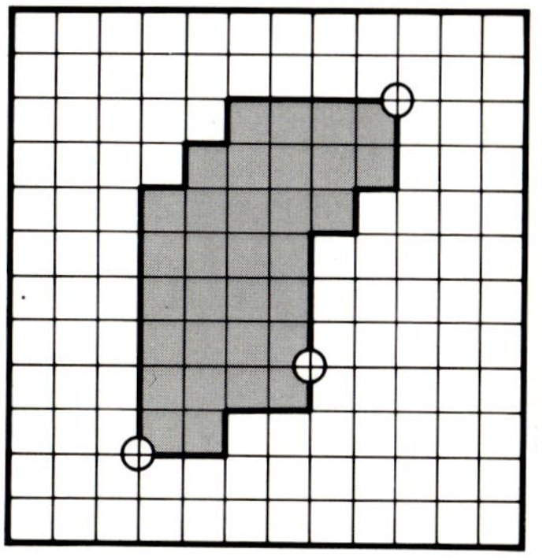

Taxi-Geometrie: Ein schiefwinkliges Dreieck

Ein Dreieck mit den Seitenlängen 14, 8 und 6. Können Sie sich weitere Dreiecke mit den gleichen Seitenlängen vorstellen?

Taxi-Geometrie: Quadrate mit der Seitenlänge 6

Wie viele Quadrate mit der gleichen Seitenlänge gibt es?

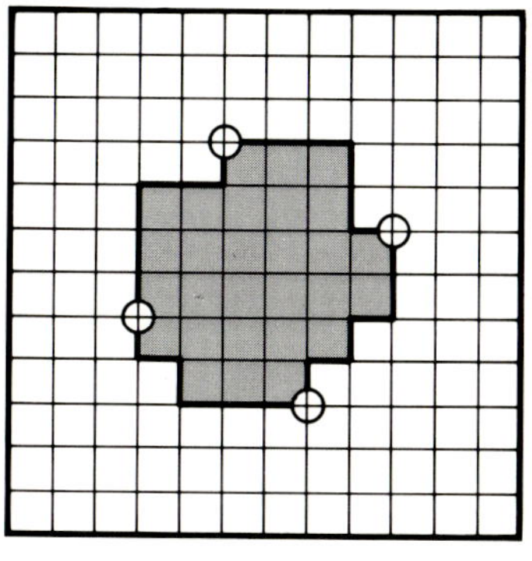

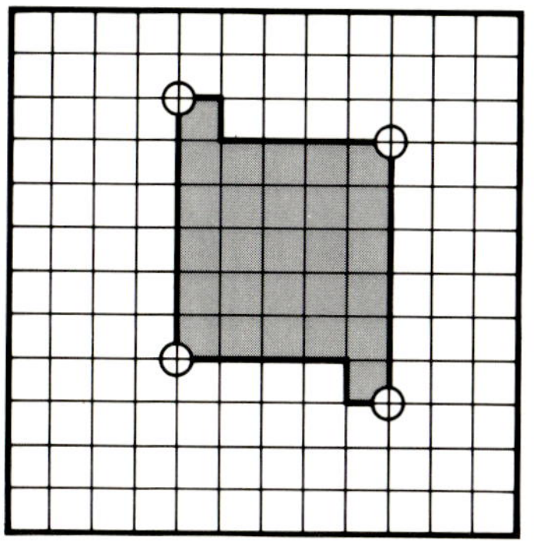

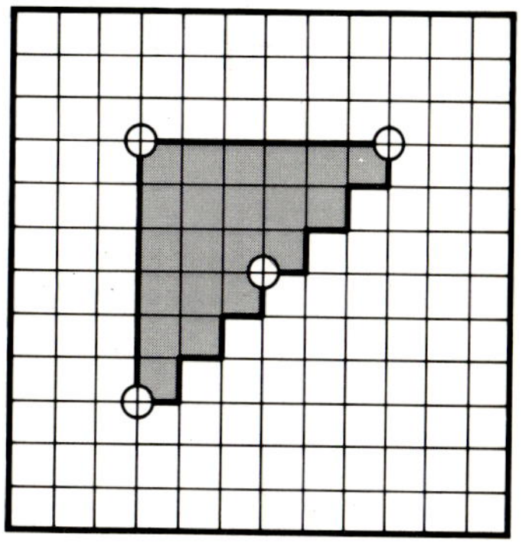

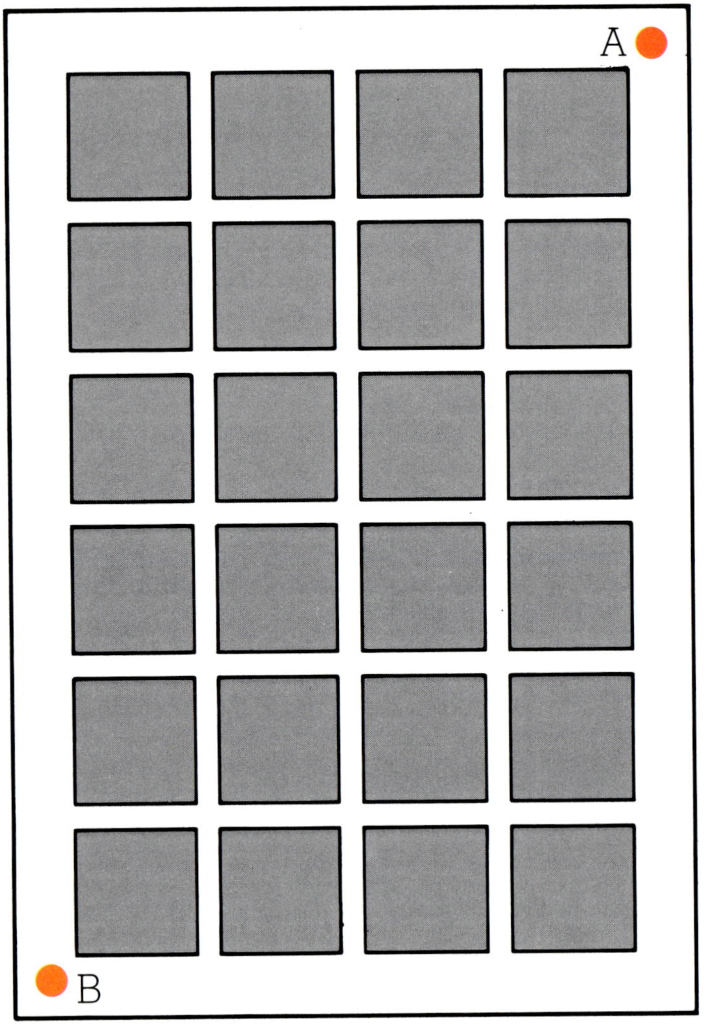

Der kürzeste Weg

Ein Mann, der in der linken oberen Ecke wohnt, arbeitet in einem Büro, das sich rechts unten befindet.
Der kürzeste Weg ist zehn Häuserblocks lang.
Wie viele verschiedene Wege gibt es zwischen den beiden Punkten?
Mit Hilfe des berühmten Pascalschen Dreiecks lassen sich solche Probleme leicht lösen.

Betrachten wir eingehender, warum es zwischen zwei Punkten mehr als eine kürzeste Entfernung geben kann. Untersuchen wir also, wie viele solcher Wege es tatsächlich gibt.
Wir erleichtern uns die Arbeit, wenn wir das Karogitter drehen und auf die Spitze stellen, so daß wir uns die obere Hälfte ansehen können. Das ist ein Dreieck. Der Punkt an der Spitze ist »Zu Hause«. Es gibt nur eine Möglichkeit, zu Hause zu bleiben; wir nennen diese Position demzufolge 1.
Um zu jedem der Punkte in der Reihe darunter zu kommen, gibt es auch nur jeweils eine Möglichkeit; wir kennzeichnen also auch diese beiden Punkte mit einer 1.
Und jetzt zur dritten Reihe. Die einzige Möglichkeit, um zum linken Ende der Reihe zu kommen, ist der Weg über das Ende der Reihe darüber. Aber die mittlere Position kann auf zwei Arten erreicht werden: entweder links über die Position darüber oder rechts über die Position darüber. Um schließlich zum rechten Ende der Reihe zu kommen, gibt es auch nur einen Weg. Die Positionen in der Darstellung sind also mit 1, 2, 1 zu kennzeichnen.
Wenn man eine bestimmte Position erreichen will, gilt allgemein:
a) Befindet sich die Position am Ende einer Reihe, gibt es nur eine Möglichkeit.
b) Wenn nicht, gibt es zwei Punkte über ihr, einen links und einen rechts. Wenn sie auf m bzw. n Arten erreicht werden können, dann kann man den Punkt darunter auf $m+n$ Arten erreichen.
Wir können also auch die weiteren Reihen mit Zahlen kennzeichnen, wenn wir uns an folgende Regeln halten:
a) Schreiben Sie eine 1 in die Positionen an den Enden der Reihen.
b) Schreiben Sie in alle übrigen Positionen die Summe der Zahlen der Positionen unmittelbar rechts und links darüber.
Die nächste Reihe sieht dann wie folgt aus:
1 (Ende der Reihe)
3 (1+2)
3 (2+1)
1 (Ende der Reihe)
Die nächste Reihe sieht so aus:
1 (Ende der Reihe)
4 (1+3)
6 (3+3)
4 (3+1)
1 (Ende der Reihe)
und so weiter.

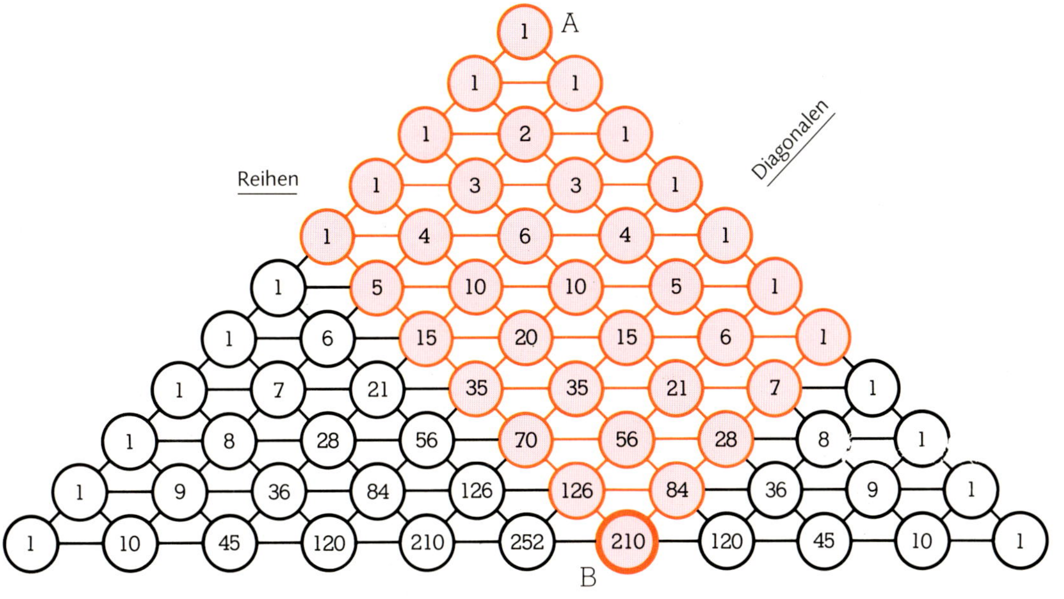

Das mit Zahlen bezeichnete Dreieck, das man auf diese Weise erhält, ist das sogenannte **Pascalsche Dreieck**, das nach seinem Erfinder Blaise Pascal benannt worden ist.
Für die Zahl in der (s+1)ten Position der (r+1)ten Reihe gibt es auch eine Formel, die mit Hilfe von Fakultäten ausgedrückt wird:

$$\frac{r!}{s!\,(r-s)!}$$

So hat zum Beispiel die dritte Position der fünften Reihe folgende numerische Bezeichnung:

$$\frac{4!}{2!\,(4-2)!} = \frac{24}{2 \times 2} = 6$$

Die Formel war auch Isaac Newton bekannt und ist in seinem berühmten Binominaltheorem enthalten. Die obige Formel wird oft verkürzt durch folgendes Symbol wiedergegeben:

$$\binom{r}{s}$$

Unter anderem gibt sie die Anzahl der verschiedenen Möglichkeiten an, s Gegenstände aus einer Gesamtheit von r Gegenständen zu wählen.

Das Pascalsche Dreieck

Im Pascalschen Dreieck ist jede Zahl die Summe der beiden Zahlen zu ihr.
Die unterste Ecke des Rechtecks A – B, das in das Pascalsche Dreieck eingeführt worden ist, gibt die Antwort: zwischen A und B gibt es 210 verschiedene Wege.
Auch eine einfache Faktorenformel kann uns die Antwort geben:

$$\frac{n!}{a!\;b!} = \frac{10!}{(6! \times 4!)} = 210$$

Das kann man sogar auf unser Entfernungsproblem aus der Taxi-Geometrie anwenden. Um zur Reihe 5 zu kommen, muß man, so wollen wir annehmen, vier Züge machen. Um zur dritten Position dort zu kommen, müssen genau **zwei** von diesen Zügen nach rechts gemacht werden. Man muß also zwei von vier Zügen wählen. Das kann auf $\binom{4}{2}$ Arten geschehen, also auf sechs, wie zuvor. Wir haben hier also eine Verbindung zwischen Taxi-Geometrie und kombinatorischen Formeln.

Die alten Griechen ließen in ihrer Geometrie nur Geraden und Kreise zu. Aber mit etwas Phantasie kann man selbst mit diesen einfachen Elementen sehr schöne und ungewöhnliche Entwürfe machen.
Zeichnen Sie einen Kreis und unterteilen Sie den Umfang mit Hilfe eines Winkelmessers in 36 gleiche Teile im Abstand von jeweils 10°. Zeichnen Sie dann den Durchmesser des Kreises, also eine Gerade, die einen dieser markierten Punkte (auf dem Umfang) mit dem genau gegenüberliegenden Punkt verbindet.
Wir wollen nun eine Art Spinngewebe zeichnen, indem wir diesen Durchmesser verschieben. Bewegen Sie das obere Ende im Uhrzeigersinn um einen Abstand weiter, das untere Ende aber um **zwei** (ebenfalls im Uhrzeigersinn). Verbinden Sie diese beiden Punkte. Machen Sie auf diese Art weiter, bis Sie wieder am Ausgangspunkt angelangt sind – das eine Ende immer um einen, das andere immer um zwei Abschnitte weiterrücken.
Wir können dies das »1:2-Spinngewebe« nennen, wenngleich es einen viel hochfliegenderen Namen hat, nämlich Kardioide oder Herzkurve.
Wenn wir die Schritte 1 und 2, um die wir jeweils vorrücken, in m und n ändern, erhalten wir ein m:n-Spinngewebe.
Das 1:3-Spinngewebe heißt **Nephroide** oder Nierenkurve, das 2:3-Spinngewebe **Ranunkuloide** oder Hahnenfußkurve.
Jede Kurve ist deutlich zu erkennen, auch wenn sie nicht wirklich aus Abschnitten der Geraden besteht; sie ist die **Umhüllungs-** oder **Hüllkurve** des Spinngewebes aus Geraden, und jede Gerade in diesem Spinngewebe ist eine Tangente an diese Hüllkurve.
Probieren Sie andere Werte für m und n aus, etwa 1:4 oder 2:5. All diese Kurven sind Beispiele für die sogenannten **Epizykloiden**.

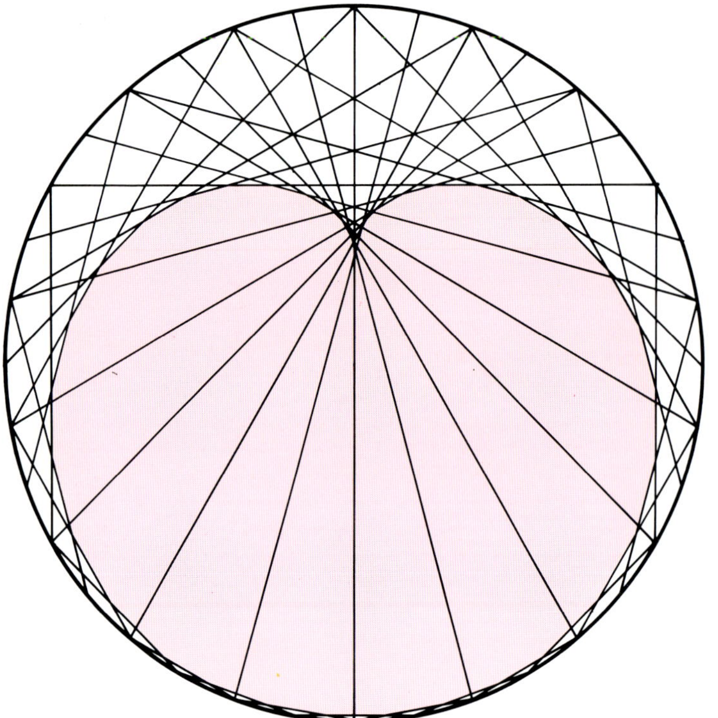
Die Kardioide

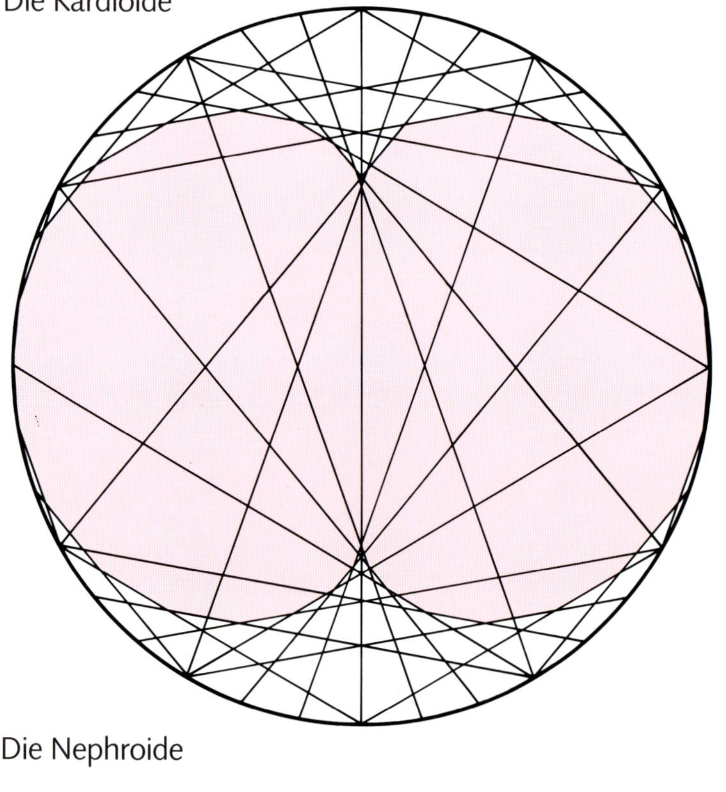
Die Nephroide

Ist die Spinne betrunken, webt sie ihr Netz in Kreisen anstatt in Geraden. Das ergibt neue Möglichkeiten für Entwürfe.
Zeichnen Sie zum Beispiel einen Kreis, den **Grundkreis**, und wählen Sie einen Punkt, den **Grundpunkt**. Schlagen Sie jetzt viele Kreise, deren Mittelpunkt jeweils auf dem Grundkreis liegt, und die durch den Grundpunkt gehen. Damit die Entwürfe sauber durchkonstruiert sind, unterteilen Sie den Umfang des Grundkreises in gleiche Kreisbögen (beispielsweise von 10 °); setzen Sie die Zirkelspitze immer wieder an diesen Unterteilungspunkten an und öffnen Sie den Zirkel dabei so weit, daß er gerade den Grundpunkt berührt. Die Kurven, die Sie jetzt erhalten, sind Beispiele für **Pascalsche Schnecken**. Je nach Wahl des Grundpunktes ergibt sich eine andere Form. Versuchen Sie es einmal mit einem Grundpunkt, der auf dem Grundkreis liegt.
Erkennen Sie die Kurve?
Es ist eine Kardioide.

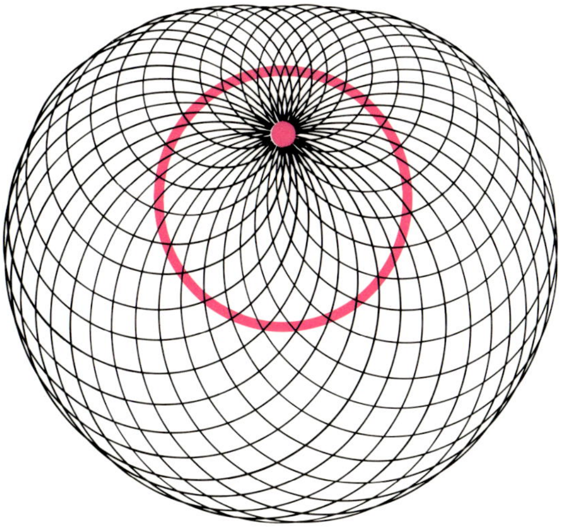

Kurven aus Kreisen

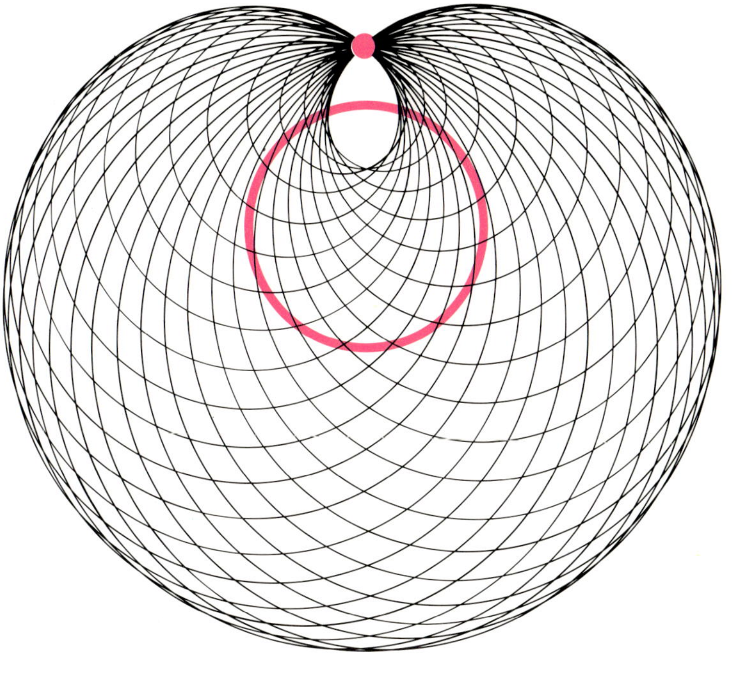

Die Topologie ist die Lehre von der Stetigkeit. Eine **topologische Unveränderliche** der Form ist eine Eigenschaft, die von jeder stetigen Veränderung unberührt bleibt. Man kann die Form krümmen, verdrehen, strecken und zusammendrücken – was bleibt unverändert? Auf den ersten Blick nicht viel. Die Größe, die Winkel, die Fläche, all das kann verändert werden. Die typische topologische Unveränderliche ist das Loch in einem Krapfen. Auch wenn man ihn verformt, hat er immer noch ein Loch. Wie differenziert die topologischen Vorstellungen sind, wird einem klar bei der Feststellung, daß das Loch überhaupt nicht **Teil** des Krapfens ist… Die Topologie wird gelegentlich auch »Kautschukgeometrie« genannt. Für einen Topologen ist ein Krapfen das gleiche wie eine Kaffeetasse: beide haben sie ein Loch.
So gesehen erscheint die Topologie bestenfalls wunderlich, auch wenn sie wahrscheinlich recht unterhaltsam ist. Doch das ist ein Trugschluß. Sie ist von grundlegender Bedeutung. Die gesamte Mathematik ist durchdrungen von Vorstellungen über die Kontinuität, und gleiches gilt auch für große Bereiche der angewandten Wissenschaft. In den letzten fünfzig Jahren ist die Topologie zu einem sehr starken Zweig der Mathematik geworden, und im letzten Jahrzehnt hat sie beträchtlichen Einfluß auf wichtige Anwendungsbereiche in der Physik, der Chemie und der Biologie gewonnen.
Auf dieser Ebene ist die Topologie weder wunderlich noch unterhaltsam (höchstens für die Experten). Aber einige ihrer grundlegenden Vorstellungen kann man für Spiele nutzen, die auf der Unveränderlichkeit der Topologie aufbauen.
Es sind einige Formen gegeben. Welche davon sind topologisch gleich und welche nicht?

Topologische Äquivalenz

In den drei Abbildungen wurde jeweils die obere Figur zu einer der drei Figuren darunter verformt. Welches ist die verformte Figur?

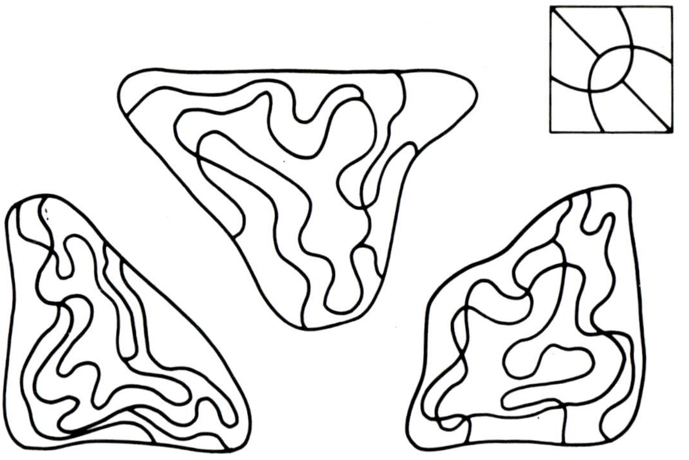

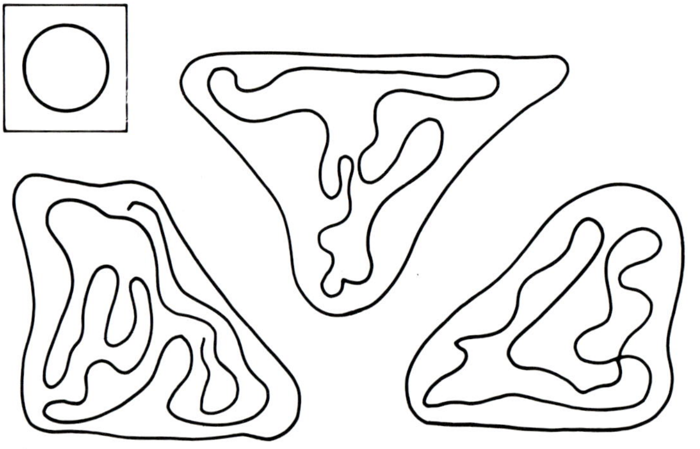

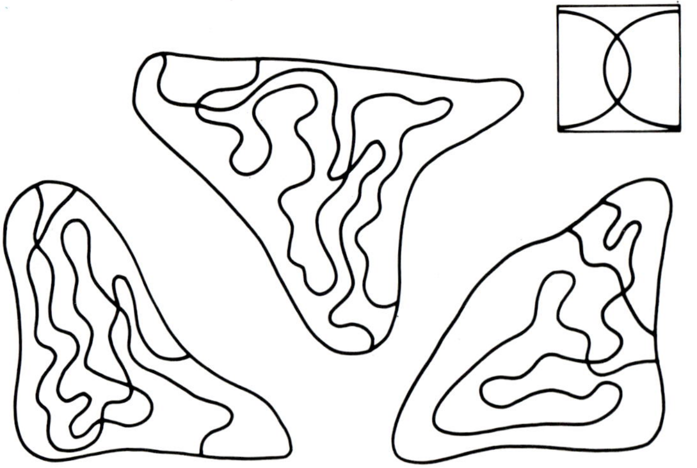

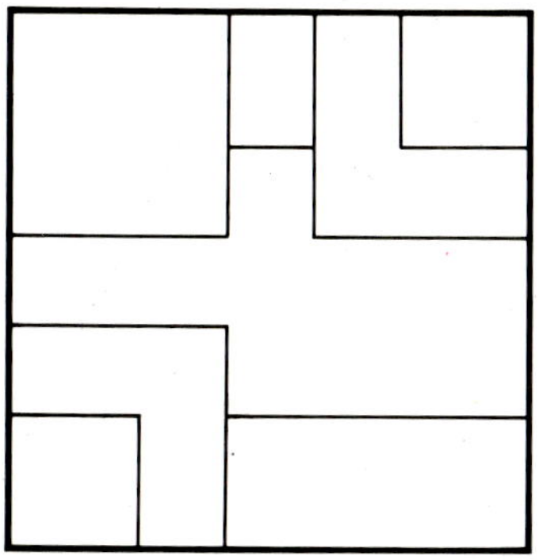

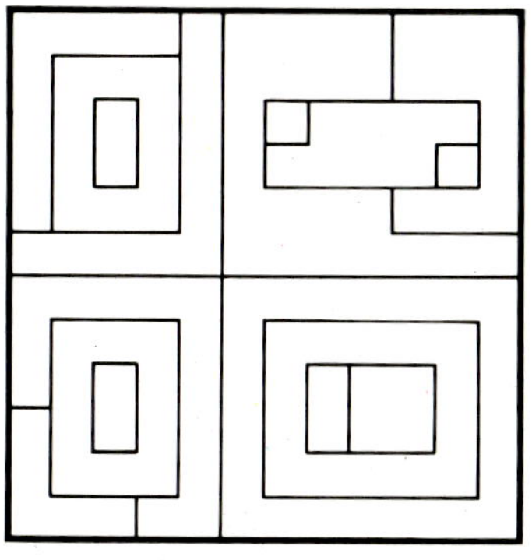

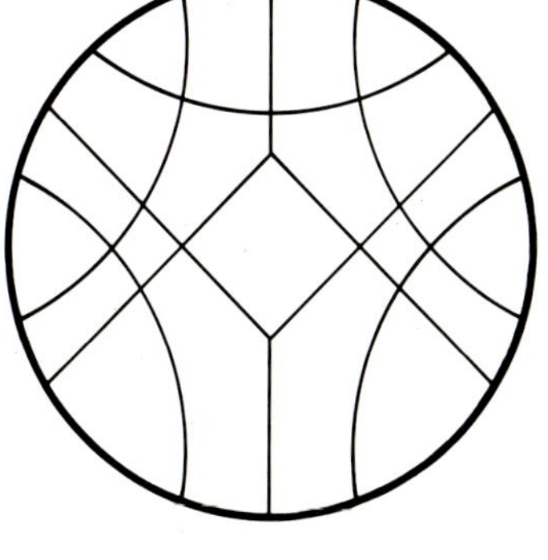

Die Farbtheorie der Topologie

Welches ist die kleinstmögliche Anzahl Farben, die man braucht, diese Abbildungen so auszumalen, daß nirgendwo zwei Flächen mit einer gemeinsamen Seite die gleiche Farbe haben?

(Lösung: Seite 121)

Vor nicht allzu langer Zeit war dies noch das **Vierfarben-Problem**. Die Aufgabe ist ohne weiteres verständlich: Wie viele Farben braucht man, um jede zweidimensionale Landkarte farblich so zu gestalten, daß nirgendwo zwei benachbarte Gebiete die gleiche Farbe haben? Die Antwort war auch ohne weiters zu erraten – vier. (»Benachbarte« Gebiete müssen sich an einer ganzen Seite berühren, nicht nur an einem einzigen Punkt.)
Wie steht es mit den Beweisen?
Es läßt sich ohne große Schwierigkeiten nachweisen, daß man mindestens vier Farben braucht. Ein Mathematiker namens Kempe veröffentlichte einen Beweis, daß keine Landkarte fünf Farben brauche. Zehn Jahre später kam man darauf, daß ihm ein kleiner Fehler unterlaufen war, und daß sein Beweis bestenfalls zeigte, daß man für keine Landkarte **sechs** Farben bräuchte. Dadurch entstand eine Lücke, die immer wieder herausforderte. Ein ganzes Jahrhundert bissen sich die Menschen an diesem Problem die Zähne aus. Niemand konnte eine Karte finden, für die man fünf Farben brauchte, aber auch niemand konnte nachweisen, daß keine solche Karte existierte. Das Problem errang eine gewisse Berühmtheit als eines der einfachsten ungelösten Probleme, das gestellt werden konnte, aber auch als eines, dessen Lösung zu den schwierigsten gehörte. Noch ärger wurde die Sache dadurch, daß analog Probleme zu komplizierteren Flächen restlos gelöst werden konnten. Eine Landkarte auf einem Krapfen beispielsweise kann stets mit sieben Farben vollständig abgedeckt werden. Und es gibt auch Karten, für die sechs Farben **nicht** ausreichen. Sieben ist demnach die genaue Zahl der Farben, die man im allgemeinen braucht. Bei der sogenannten Kleinschen Flasche, einer eigenartigen einseitigen Fläche, sind sechs Farben sowohl nötig wie hinreichend.
In gewisser Weise ist das Vierfarben-Problem eine kleine Kuriosität. Auch wenn seine Lösung extrem schwierig scheint, ist es doch ein bißchen ausgefallen, wenn man es mit den eigentlichen Anliegen der Topologen vergleicht. Im Grunde ist es völlig **egal**, ob die Antwort nun vier oder fünf lautet.
Andererseits ist es schon enttäuschend, wenn man nicht in der Lage ist, Klarheit zu schaffen.

Ende der 70er Jahre nahmen sich zwei Mathematiker der University of Illinois intensiv dieses Problems an. Mehr als vier Jahre suchten sie mit Hilfe eines Computers nach einer Lösung und bemühten sich, die Merkmale zu finden, die voraussetzten, daß man eine Karte mit vier Farben gestalten konnte. Kenneth Appel und Wolfgang Haken hatten schließlich eine Sammlung von 1936 speziellen Landkarten. Sie bildeten einen »unumgänglichen Satz«, was bedeutete, daß jede Karte wenigstens eine von ihnen irgendwo in sich haben mußte. Sie entwickelten außerdem eine Technik, die sie **Reduzierbarkeit** nannten.
Enthält eine Karte eine reduzierbare Unterkarte, dann ist sie mit vier Farben abzudecken. Und Appel und Haken kamen zu dem Schluß, daß sie das Vierfarben-Problem lösen könnten, wenn sich nachweisen ließ, daß ihre 1936 speziellen Karten reduzierbar waren.
Aber nicht nur das. Es war auch möglich, diese Frage in einer Form zu stellen, die sich für die Berechnung im Computer eignete. Antwortete der Computer »ja«, war das Problem gelöst. (Antwortete er gelegentlich mit einem »Nein«, besagte das nur, daß der Satz von 1936 Karten nicht der richtige war; das **widerlegte** nicht das Ergebnis.) 1200 Stunden brauchte ein großer Computer, um das Programm durchzurechnen, und nach einigen zig Milliarden Berechnungen dann…
»Ja!«
Und das Vierfarben-Problem ist jetzt das Vierfarben-**Theorem**.
Interessanter noch als die Antwort ist die Art, wie sie gefunden wurde. Es gibt gute Gründe für die Annahme, daß man es kaum in sehr viel weniger als 1200 Stunden schaffen kann. In diesem Fall haben wir es mit einfachen und richtigen Theoremen zu tun, die zu beweisen lediglich enorm viel Zeit kostet und äußerst schwierig ist.

Es gibt genau fünf verschiedene regelmäßige Körper (Polyeder). Sie können sich jedes Polyeder als eine Landkarte auf einer Kugel vorstellen. (Es ist zwar eine ziemlich deformierte und holprige Kugel, aber den Topologen macht das nichts aus.) Wie viele Farben braucht man, um jede Karte zu färben? Aufgrund des allgemeinen Theorems wissen wir, daß es höchstens vier sind. Aber vielleicht reichen in diesen speziellen Fällen weniger Farben. Es fällt schwer, vernünftig über das Problem nachzudenken, wenn man Zeichnungen von den Körpern macht, denn die Vorderseite verbaut die Sicht auf das, was sich hinten tut. Wir machen statt dessen ein kleines Loch in die Mitte einer der Flächen (das ist **keine** topologische Verformung) und ziehen dann die durchlöcherte Kugel zu einer Schleife auseinander (was eine topologische Verformung **ist**). Jetzt müssen wir die Flächen farbig ausmalen, die der **Graph** des Polyeders bildet – das von den Kanten gebildete Netz. Es besteht also eine Verbindung zwischen Graphen, Karten und der Topologie. Diese Karten haben eine **unendliche** Fläche, die sie völlig umgibt. Malen Sie sie zuerst farbig aus. Wenn Sie es vergessen, denken Sie am Ende, das Tetraeder könnte mit drei Farben ausgemalt werden, was aber nicht der Fall ist; Sie brauchen definitiv vier, weil jede Fläche die anderen drei berührt, und daher alle eine andere Farbe haben müssen. **Drei** Farben reichen allerdings beim Würfel, wenngleich er **mehr** Flächen hat. Am kompliziertesten ist es beim Ikosaeder mit seinen zwanzig dreieckigen Flächen.

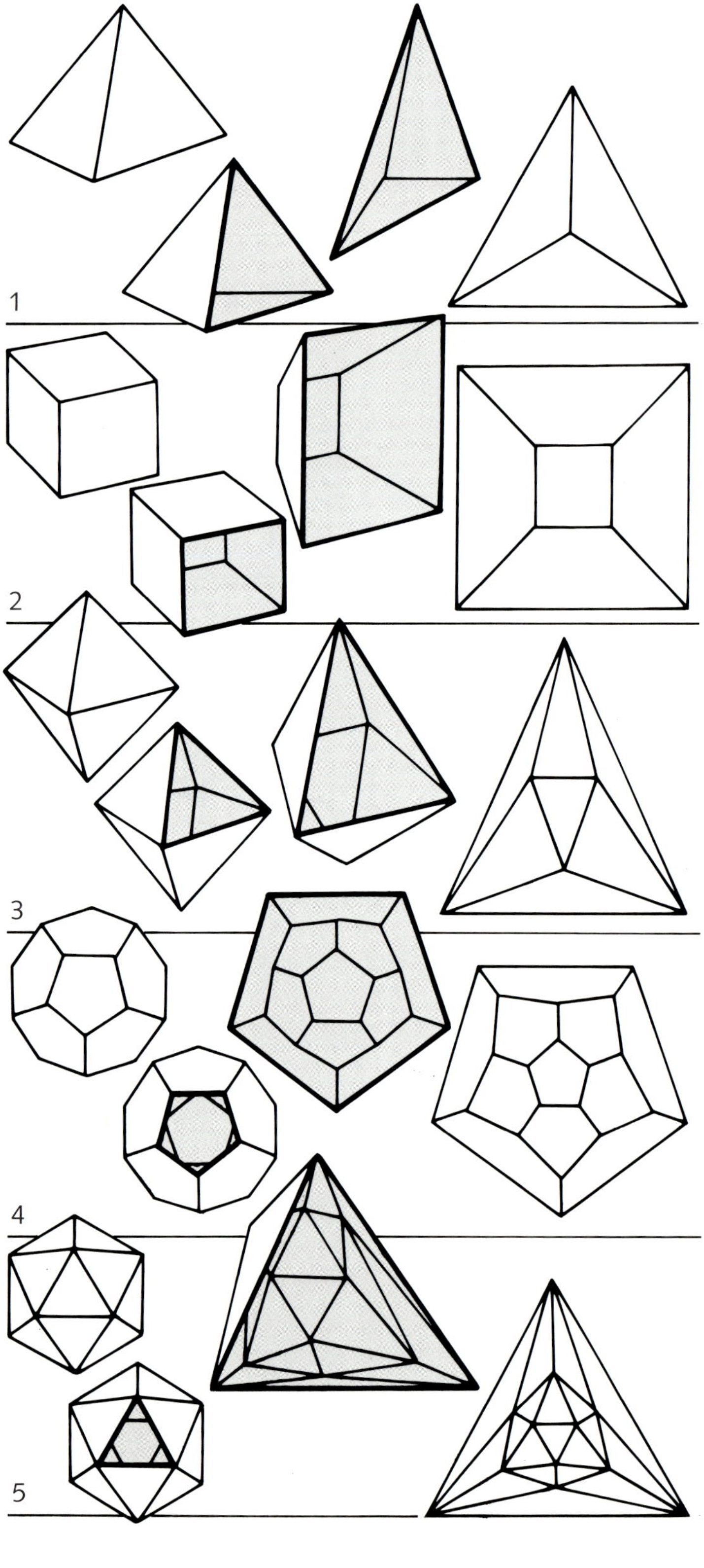

Das farbige Ausmalen regelmäßiger Polyeder

Das Verformen der fünf Körper als eine Übung in Kautschukgeometrie ergibt deren zweidimensionale Graphen, die ohne weiteres farbig ausgemalt werden können.

1 Tetraeder
2 Würfel
3 Oktaeder
4 Dodekaeder
5 Ikosaeder

Dies ist ein lustiges Spiel für zwei Personen, das auf der Schwierigkeit beruht, im voraus die »Farbsackgassen« zu erkennen, die sich ergeben, wenn man eine Landkarte mit vier Farben ausmalt. Eine scheinbar vernünftige Wahl der Farben kann zu Stellungen führen, in denen ein weiteres Ausmalen der Flächen nicht mehr möglich ist.

Der Spieler A zeichnet eine Fläche und malt sie farbig aus. Spieler B fügt eine neue Fläche hinzu und malt diese farbig aus, wobei er das genaue **Gegenteil** des Dominoprinzips verfolgt. Benachbarte Flächen dürfen farbig **nie** übereinstimmen. Das Spiel dauert so lange, bis ein Spieler nicht mehr weiterspielen kann.

Man kann dieses Spiel abändern und vor Spielbeginn eine komplizierte Landkarte aufzeichnen. Dann malen die Spieler die einzelnen Flächen abwechselnd farbig aus, und zwar so, daß benachbarte Länder unterschiedliche Farben aufweisen. Wer als erster nichts mehr unternehmen kann, hat verloren. Bei diesen Spielen sind nur vier Farben erlaubt.

Das farbige Ausmalen einer Landkarte mit 210 Ländern

Malen Sie die Landkarte mit nur vier Farben aus.

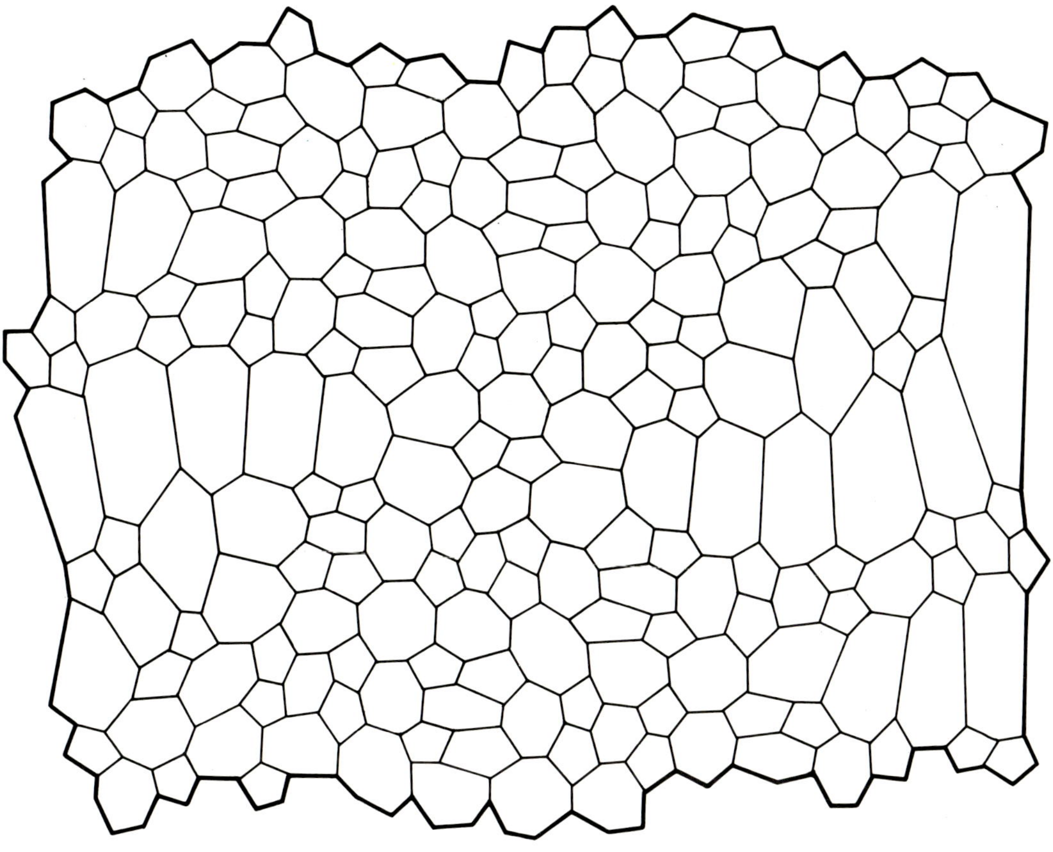

Während man für die meisten Landkarten vier Farben braucht, sind für Karten, die auf spezielle Art gezeichnet werden, vielleicht nicht so viele Farben nötig. Ein Extremfall sind die Karten, auf denen nur mit Geraden gezeichnet wird. Ein kleines Experiment läßt vermuten, daß in dem Fall **zwei** Farben genügen.
Trifft das zu?
Das tut es tatsächlich, und der Beweis ist auch einfach zu führen. Zeichnen Sie die Geraden eine nach der anderen in die Karte ein. Sobald eine neue Gerade hinzugekommen ist, tauschen Sie die zwei Farben auf allen Flächen aus, die **auf einer** Seite der neuen Geraden liegen. Dadurch bleibt die Farbe auf beiden Seiten der alten Grenzen unterschiedlich, und dank des Austausches der Farben auch auf beiden der neuen.
Der gleiche Beweis läßt sich verallgemeinern und auf die Karten anwenden, auf denen die Grenzlinien entweder einzelne Kurven sind, die quer über die ganze Fläche laufen, oder geschlossene Schleifen.
All diese zweifarbigen Karten haben eine **gerade** Anzahl Kanten, die sich an jeder Ecke schneiden. Dies muß für sämtliche Karten gelten, die mit nur zwei Farben ausgemalt werden können, denn die Flächen an einer Ecke müssen die Farben ändern. Es geht sogar noch weiter: Es läßt sich beweisen, daß jede zweidimensionale Karte mit nur zwei Farben ausgemalt werden kann, wenn, aber nur wenn sich an allen Ecken eine gerade Anzahl Kanten schneidet.
Das ist das **Zweifarben-Theorem**.

Das Zweifarben-Theorem

Wie viele Farben braucht man, um diese Karten so ausmalen zu können, daß nirgendwo zwei Flächen mit einer gemeinsamen Grenze die gleiche Farbe haben?

(Lösung: Seite 123)

Brams – im Spiel Landkarten farbig ausmalen

Für die einfache Landkarte muß »n« mindestens 5 sein. Wenn man nicht nach den hier angegebenen Regeln spielt, kann die Landkarte natürlich ganz einfach mit nur vier Farben ausgemalt werden, wie das bei jeder zweidimensionalen Karte möglich ist.

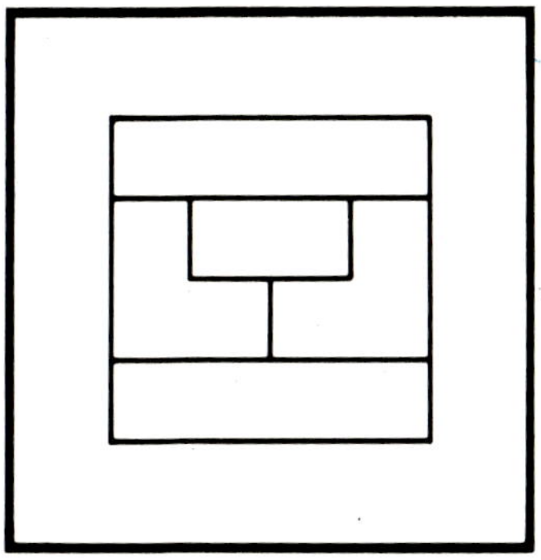

Dies ist ein schon fortgeschritteneres Spiel, Landkarten farbig auszumalen. Benannt ist es nach seinem Erfinder. Zwei Spieler spielen es mit einer vorgegebenen (aber willkürlichen) Karte und n Buntstiften verschiedener Farben. Sie malen abwechselnd immer eine Fläche so aus, daß benachbarte Flächen nicht die gleiche Farbe haben.
Spieler 1 ist der **Minimator**. Sein Ziel ist es, so zu spielen, daß die Landkarte am Ende des Spiels höchstens n Farben aufweist, besser aber weniger. Gelingt ihm das, hat er gewonnen.
Spieler 2 ist der **Maximator**. Er muß mit nur einer der n Farben spielen, **wenn das möglich ist.** Wenn nicht, gewinnt er.
Der Maximator versucht, so zu spielen, daß die Stellung bei irgendeinem späteren Zug blockiert wird. Der Minimator versucht natürlich, das zu verhindern.
Auch wenn das Vierfarben-Theorem Gültigkeit hat, bedeutet das doch nur, daß es irgendeinen Weg gibt, die Landkarte mit vier Farben auszumalen, vorausgesetzt die Spieler spielen miteinander. Aber dies ist ein Kampfspiel, und folglich spielen sie gegeneinander, verstehen Sie?
In diesem Zusammenhang stellt sich eine interessante theoretische Frage. Welches ist der kleinste Wert für n (die Anzahl der Farben), bei dem der Minimator immer gewinnen kann, gleichgültig mit welcher Karte gespielt wird? Brams hat gezeigt, daß der Minimator bei einigen Karten in dieser Kampfversion des Problems **sechs** Farben braucht, wenn er gewinnen will. Das heißt, es gibt eine Karte, die so geartet ist, daß bei fünf Farben der Maximator gewinnt. Das Kampfspiel erfordert wenigstens zwei Farben mehr als die kooperative Version. Es ist allerdings nicht bewiesen, daß die Antwort 6 lautet. Vielleicht braucht man mehr Farben.

Brams – das Ausmalen von Landkarten Wie man das Spiel immer gewinnen kann

Spielt man mit der obigen Karte und fünf Farben, kann der Maximator immer gewinnen, wenn er sich an folgende einfache Taktik hält:
Er muß immer auf der Fläche des verformten Dodekaeders gegenüber der Fläche spielen, wo der Gegenspieler zuletzt die gleiche Farbe verwendet hat.

(Lösung: Seite 121)

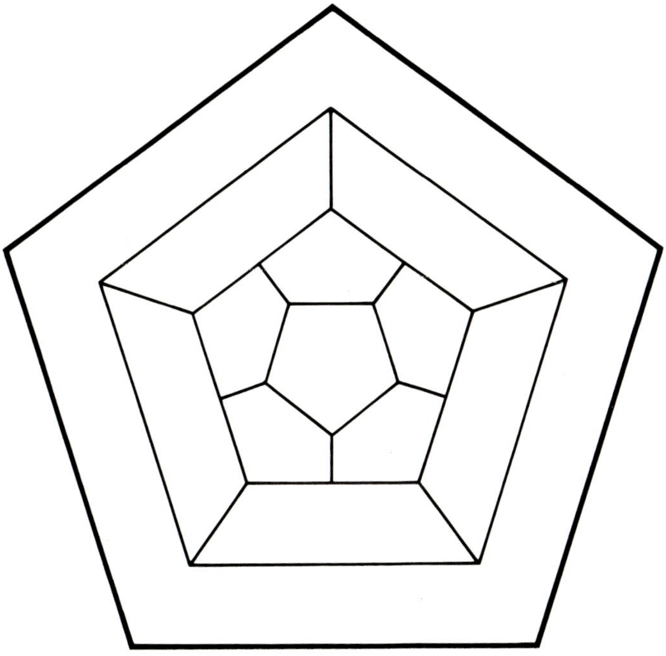

Das farbige Ausmalen von Landkarten ist damit noch keineswegs beendet.
In einer anderen Version haben verschiedene Gebiete auf der Landkarte die Möglichkeit, dem gleichen »Empire« anzugehören, wozu notwendig ist, daß beide die gleiche Farbe haben.
Wenn jedes Empire aus genau m Gebieten besteht, nennen wir dies das »M-Pire«-Problem. Das normale Problem des farbigen Ausmalens von Landkarten ist also das 1-Pire-Problem.
Beim 2-Pire-Problem betrachten wir beispielsweise alle Karten, auf denen verschiedene Gebiete paarweise verbunden sind (2-Pire also). Die beiden Gebiete jedes 2-Pire müssen die gleiche Farbe haben, verschiedene 2-Pire können selbstverständlich unterschiedliche Farben aufweisen.
Das Analogon zur vierfarbigen Version ist jetzt: Wie viele Farben genügen, um alle 2-Pire-Karten auszumalen? Die Antwort kennen wir – zwölf, eine erstaunlich große Zahl.
Für das 3-Pire lautet sie achtzehn.

oben:

M-Pire bei m = 2

»2-Pire«-Karte, für die man zwölf Farben braucht.

rechts:

M-Pire bei m = 3

»3-Pire«-Karte, für die man achtzehn Farben braucht. (Achten Sie darauf, daß das dritte Gebiet des M-Pire auf der Ebene nicht zusammenhängt.)

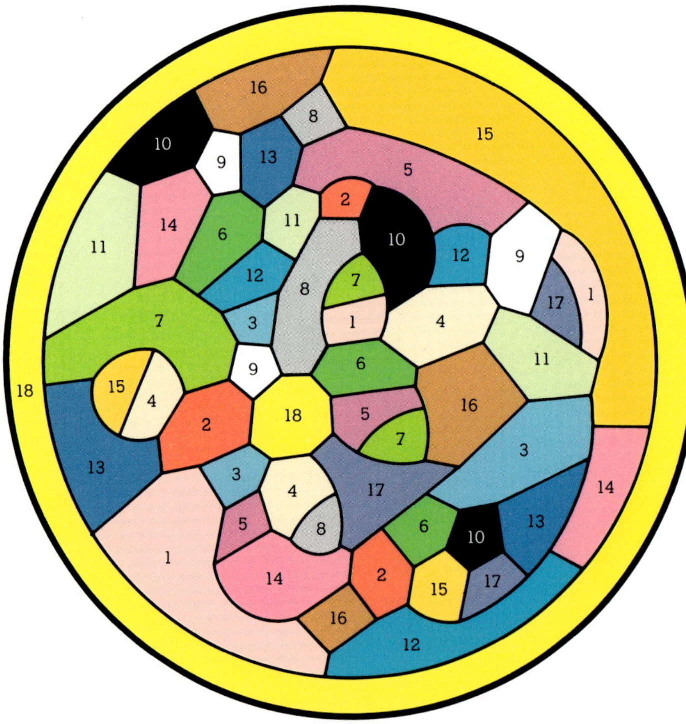

Ein anderes Problem hat Gerhard Ringel 1950 vorgelegt. Nehmen wir an, die Staaten der Erde hätten den Mars kolonisiert, und für jeden Staat gäbe es auf jedem Planeten ein Gebiet. Selbstverständlich werden die Mutterländer darauf bestehen, daß auf den Mars-Landkarten für die Kolonien die gleichen Farben gewählt werden wie für das Mutterland auf den Erdkarten.
Wie viele Farben werden im allgemeinen genügen?
Das entspricht einem 2-Pire-Problem, nur mit der zusätzlichen Einschränkung, daß die beiden Gebiete des 2-Pire in zwei getrennten Regionen liegen (Erde und Mars). Die Anzahl muß also kleiner sein als beim 2-Pire-Problem oder höchstens gleich – also höchstens zwölf. Ringel wies nach, daß es mindestens acht sein müssen. Als Antwort kommt also eine der Zahlen 8, 9, 10, 11 oder 12 in Frage. Die Frage ist, welche?
Nehmen wir an, alle kolonisieren die Venus, und es sei nicht verlangt, daß alle Staaten ein M-Pire mit auch m Gebieten haben, sondern auch ein N-Pire, bei dem n kleiner als ein festes m ist oder gleich groß. Verschiedene Staaten können also verschieden viele Gebiete besitzen.
Wie steht es um das Problem Erde – Mars, wenn der Mars die Form eines Krapfens hat?

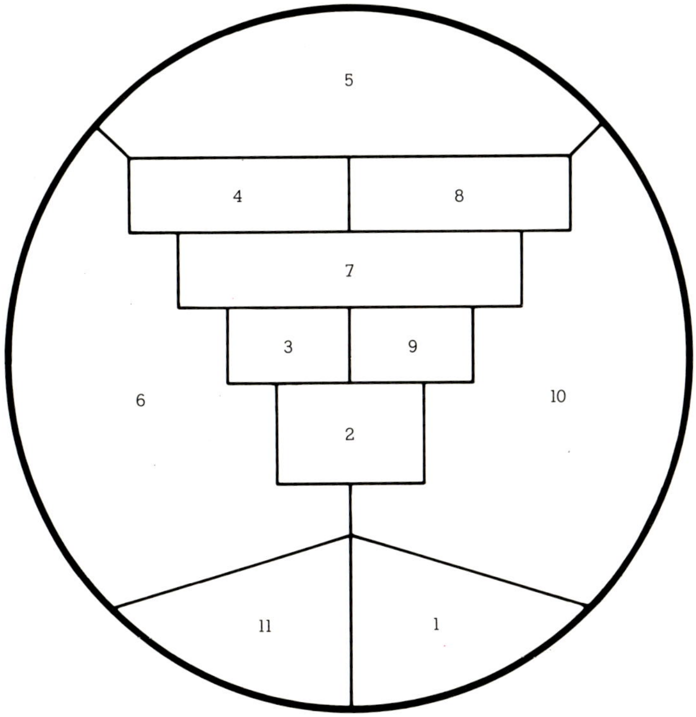

Erde und Mars farbig ausgemalt

Malen Sie die elf »2-Pire« der beiden Kugeln so aus, daß beide Gebiete, die die gleiche Nummer haben, auch die gleiche Farbe bekommen. Wie viele Farben braucht man mindestens?

(Lösung: Seite 122)

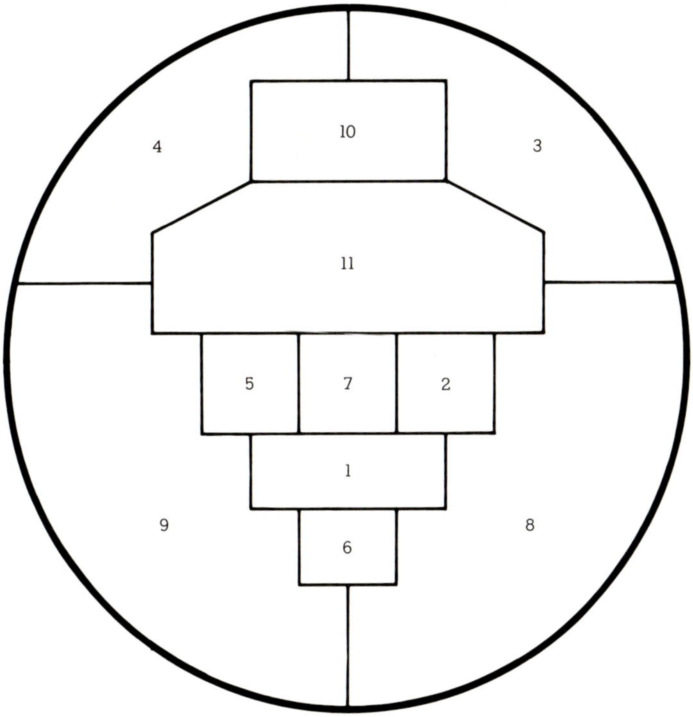

Labyrinthe sind Gebilde aus dem Altertum. Der Legende nach hat Dädalus das erste Labyrinth gebaut, um Minotauros darin gefangen zu halten, das Ungeheuer mit Menschenleib und Stierkopf des kretischen Königs Minos. Theseus fand den Weg aus dem Labyrinth zurück, weil er einen goldenen Faden auslegte.
Vom mathematischen Standpunkt ist ein Labyrinth ein Problem der Topologie.
Auf dem Papier läßt sich ein Labyrinth sehr schnell entwirren, indem man alle Sackgassen schattiert, bis nur noch der richtige Weg übrig ist. Wenn Sie aber keine Karte des Labyrinths besitzen und sich darin befinden, kommen Sie ganz leicht wieder heraus, wenn Sie Ihre Hand immer an der rechten (oder linken) Wand entlangführen und dann losgehen. Diese Methode funktioniert allerdings nicht bei Labyrinthen, bei denen das Ziel im Labyrinth liegt und von irgendwelchen unabhängigen Begrenzungen umgeben ist. Labyrinthe ohne unabhängige Begrenzung nennt man »einfach verbunden«, das heißt, sie haben eine durchgehende Mauer. Labyrinthe, die keine durchgehende Mauer haben, haben mit Sicherheit eine unabhängige Begrenzung in der Mitte und werden »mehrfach verbunden« genannt.
Es gibt eine mechanische Methode, einen Algorithmus, mit der man sich in jedem Labyrinth zurechtfindet: Wenn Sie durch das Labyrinth gehen, zeichnen Sie zu Ihrer Rechten oder Linken eine Linie auf den Weg. Nehmen wir an, Sie zeichnen die Linie rechts.
Wenn Sie an eine Gabelung kommen, können Sie nach Belieben jeden Weg nehmen. Falls Sie wieder zu einer Gabelung kommen, an der Sie schon einmal waren, machen Sie kehrt und gehen Sie den Weg zurück, den Sie gekommen sind. Wenn Sie einen alten Weg entlanggehen (einen Weg, auf dem die Linie zu Ihrer Linken verläuft) und zu einer Gabelung kommen, an der Sie

Labyrinthe

Oben: Ein einfach verbundenes Labyrinth.

Unten: Ein mehrfach verbundenes Labyrinth.

Labyrinthisches Problem

Gehen Sie auf einem Weg ohne Unterbrechung von Tür zu Tür und durch alle hindurch – ohne daß Ihr Weg Sie jemals zurückführt.

(Lösung: Seite 123)

schon einmal waren, schlagen Sie einen neuen Weg ein, falls es einen solchen gibt; wenn nicht, nehmen Sie einen alten Weg. Gehen Sie nie in einen Weg, der rechts und links eine Linie hat.
Es gibt zwei wissenschaftliche Bereiche, in denen das Interesse an Labyrinthen groß ist: die Psychologie und das Entwerfen von Computern. Die Psychologen verwenden Labyrinthe zur Erforschung des Lernverhaltens von Tieren. Selbst einem Regenwurm kann man beibringen, durch ein einfaches Labyrinth zu finden, aber der Favorit für derartige Untersuchungen ist in vielen Fällen die Ratte. Bereits sehr früh hat man in der Forschung festgestellt, daß eine Ratte lernen kann, einen Weg selbst durch ein äußerst kompliziertes Labyrinth zu finden.
Für diejenigen, die Computer entwerfen, sind Roboter, die durch ein Labyrinth laufen, Teil eines reizvollen Programms zum Bau von Maschinen, die, wie die Tiere, aus ihrer Erfahrung lernen.

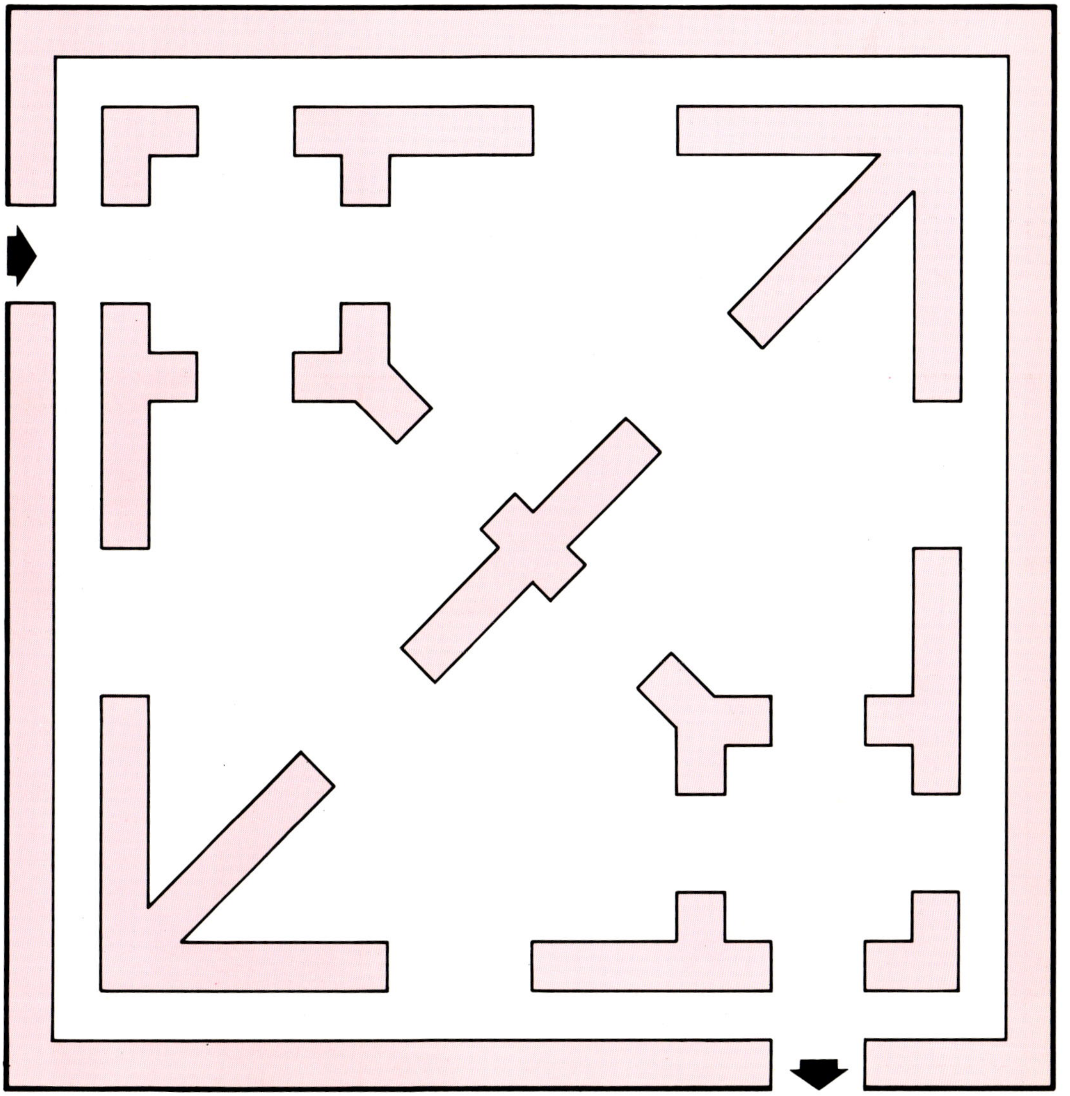

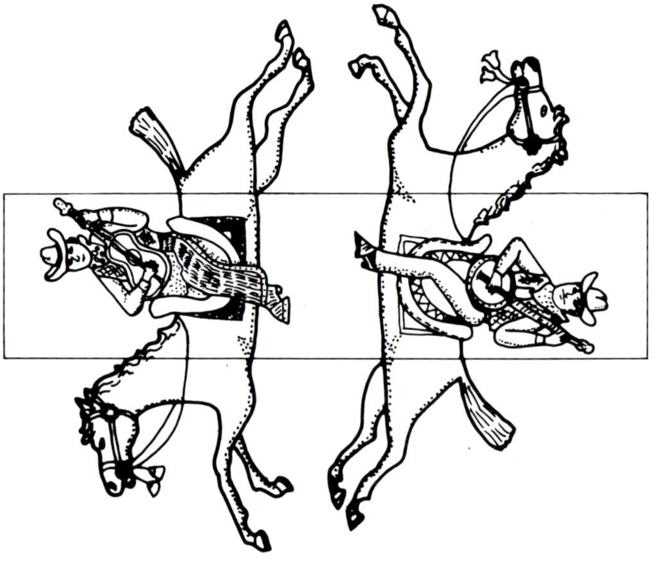

Das Problem Pferd und Reiter

Die unmögliche Brücke aus Dominosteinen

Das klassische T-Puzzle

Das Problem, Kreise farbig auszumalen

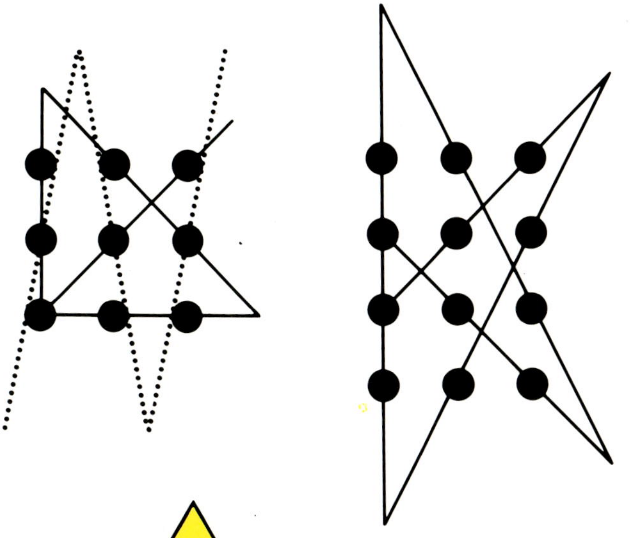

Die Probleme mit neun, zwölf und sechzehn Punkten

Das Problem der sechs Geraden

Das Problem der sieben Geraden

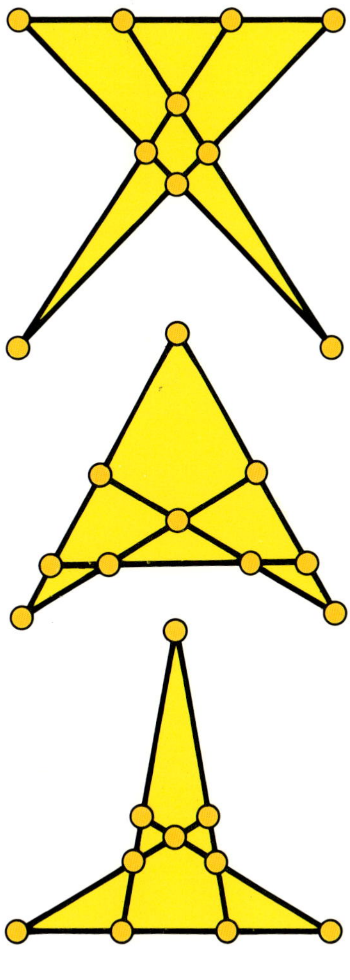

Zehn Punkte auf fünf Geraden

Das »ägyptische« Dreieck

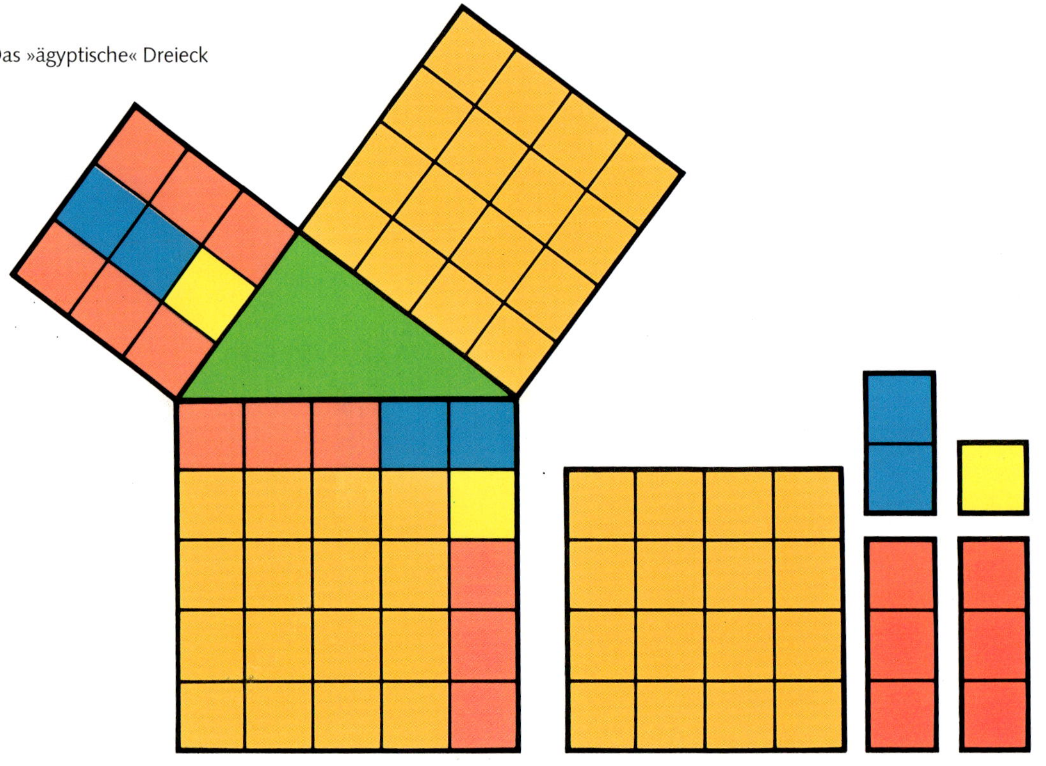

Das pythagoreische Puzzle

Das Galaktische Spiel

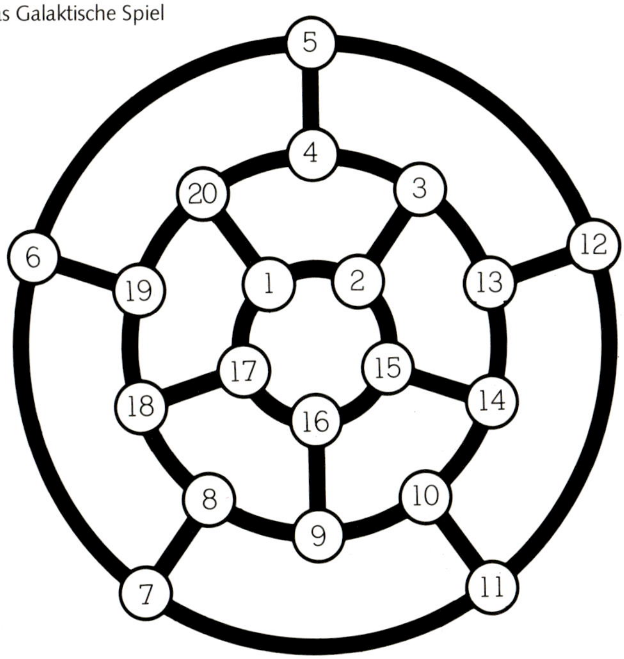

Vom Sechseck zum Dreieck

Sechszackiges Sternenpuzzle

In fünf Teile zerlegtes Quadrat

Sternenpuzzle

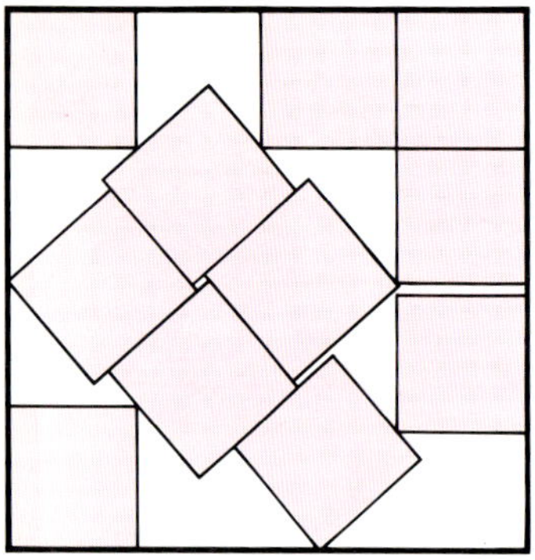

Elf einheitliche Quadrate in einem großen Quadrat unterbringen. Die bisher beste Lösung.

Unvollständige Quadrate.
Die ersten dreizehn unvollständigen Quadrate.

Das kleinste vollständige Rechteck.

Mysterix

Teilungsprobleme

Probleme beim Vierteln

Lateinische magische Quadrate mit 5 x 5 und 6 x 6 Feldern

Quadrate verwandeln

Spiel mit Sechsecken

Farbige Quadrate und Dreiecke
von MacMahon

Octopus

Strahlenquadrate

Die Kette mit den farbigen Perlen.
(Für sieben Perlen in zwei Farben)

Wachstumsmuster von Quadraten
und Dreiecken

Farbe	□		△
1	4		3
2	4		6
3	12		6
4	4		6
5	12		12
6	12		18
7	36		12
8	4		6
9	12		12
10	12		24
11	36		30
12	12		24
13	36		30

Spectrix – Lösungsschema

Brams – im Spiel Landkarten farbig ausmalen

Die Farbtheorien der Topologie

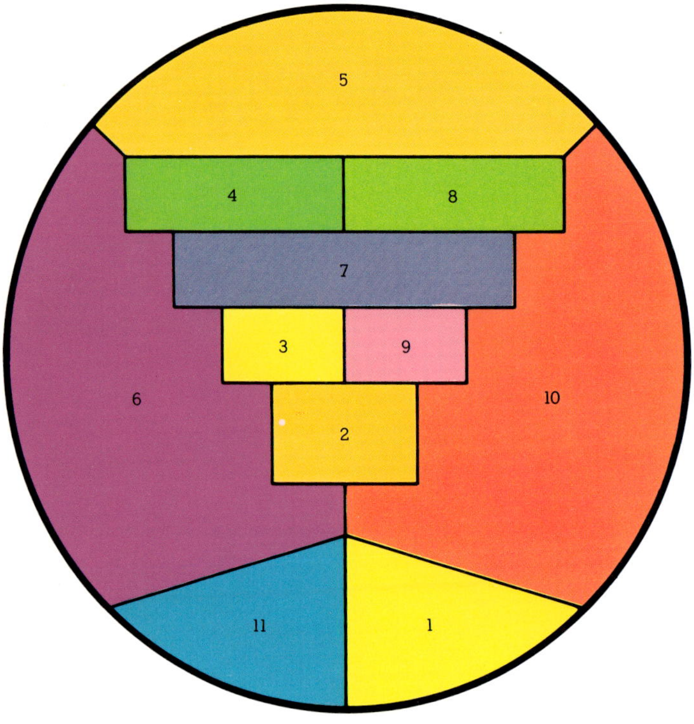

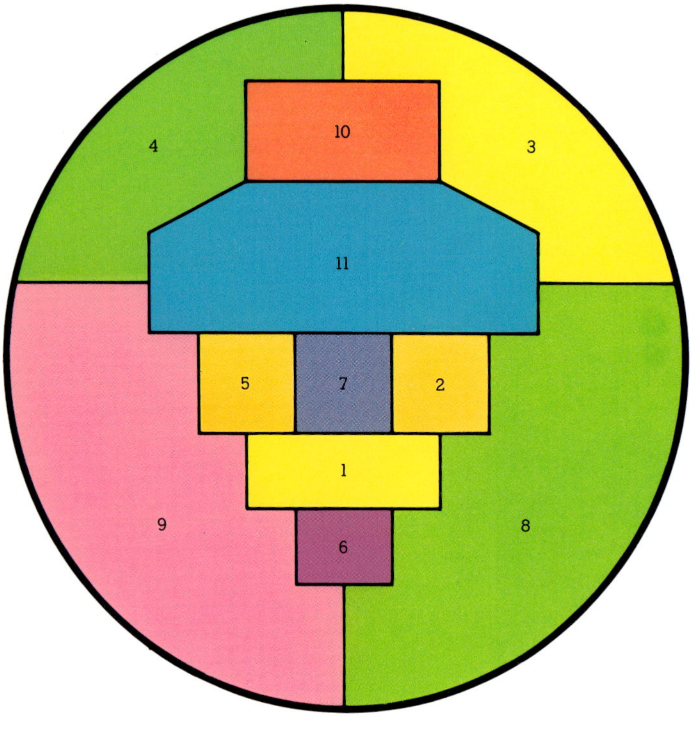

Erde und Mars farbig ausgemalt

Das Zweifarben-Theorem der Topologie

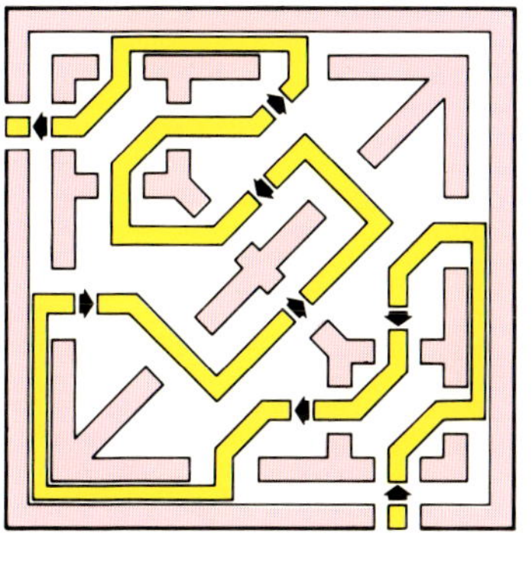

Labyrinthisches Problem

Stephen Ainley, Mathematical Puzzles, G. Bell & Sons, 1977

W. W. Rouse Ball and H.S.M. Coxeter, Mathematical Recreations and Essays, University of Toronto Press, 1967

Stephen Barr, Second Miscellany of Puzzles, Macmillan, 1969

George C. Beakley and Ernest G. Chilton, Design, Macmillan, 1974

Flachsmeyer, Kombinatorik, VEB Verlag der Wissenschaften, 1969

Fuchs, Knaurs Buch der modernen Mathematik, Droemer Knaur, 1966

Martin Gardner, Mathematische Hexereien, Ullstein, 1979

Martin Gardner, Unsere gespiegelte Welt, Ullstein, 1982

Heinz Haber, Mathematisches Kabinett, dtv, 1983

Harold R. Jacobs, Mathematics and Human Endeavour, W. H. Freeman, 1970

M. W. Keedy, R. E. Jameson, S. A. Smith and E. Mould, Exploring Geometry, Holt, Rinehart & Winston, 1967

Kenneth Kelsey, Magische Zahlenspiele, dtv, 1983

David A. Klarner, The Mathematical Gardner, Wadsworth, 1981

Maurice Kraitchik, Mathematical Recreations, Dover, 1978

Frank Land, The Language of Mathematics, John Murray, 1962

Roger Millington, Games and Puzzles for Addicts, M. & J. Hobbs, 1979

Fred Schuh, The Master Book of Mathematical Recreations, Dover, 1968

D. E. Smith, History of Mathematics (2 vols.), Dover, 1951